Scratch 3.0 少儿编程趣味课

李强 林子为 郝敬轩 编著

人民邮电出版社
北京

图书在版编目（CIP）数据

Scratch 3.0少儿编程趣味课 / 李强，林子为，郝敬轩编著. -- 北京 : 人民邮电出版社，2019.4
（少儿学编程）
ISBN 978-7-115-50854-6

Ⅰ. ①S… Ⅱ. ①李… ②林… ③郝… Ⅲ. ①程序设计一少儿读物 Ⅳ. ①TP311.1-49

中国版本图书馆CIP数据核字(2019)第039489号

内 容 提 要

Scratch 3.0 是美国麻省理工学院（MIT）发布的新版编程语言和平台，相较于 Scratch 2.0，功能和界面进行了较大的更新。

本书是一本学习 Scratch 3.0 创意和编程的趣味课程指南。全书分为 3 篇，共 25 课。首先从少儿学编程的基础和准备出发，详细介绍了 Scratch 3.0 的界面和功能，通过 40 多个项目示例，展示了各类积木的用法和编程技巧，并介绍了如何将 Scratch 3.0 和 Makey Makey、micro:bit、LEGO MINDSTORMS EV3 等硬件结合进行编程开发。最后，通过两个完整的游戏案例的开发，展示了如何综合应用前面课程所学的知识和技能。本书在课程中，通过“想一想，试一试”板块激发读者进行思考和动手实践，并且在附录部分给出了相应的提示和解答以供参考。

本书适合中小学信息技术课教师或相关培训机构教师、引导孩子学习 Scratch 的家长阅读参考，也非常适合小学生或初中学生自学，还可以作为课外培训班的教材。

◆ 编　　著　李　强　林子为　郝敬轩
责任编辑　陈冀康
责任印制　焦志炜
◆ 人民邮电出版社出版发行　　北京市丰台区成寿寺路 11 号
邮编　100164　　电子邮件　315@ptpress.com.cn
网址　http://www.ptpress.com.cn
固安县铭成印刷有限公司印刷
◆ 开本：720×960　1/16
印张：15.5　　2019 年 4 月第 1 版
字数：292 千字　　2025 年 3 月河北第 20 次印刷

定价：59.00 元

读者服务热线：(010)81055410　印装质量热线：(010)81055316
反盗版热线：(010)81055315

前言

写作初衷

《Scratch 2.0 少儿游戏趣味编程》出版之后，在短短半年时间内，多次重印。我收到很多读者的反馈，表达对这本书的喜爱，很多读者还在网络上购买并且发表了中肯的评论。

儿子因为参与了这本书的创作，还获得“区中小学社会大课堂学习成果铜奖”，成为同学中的“小明星”。这一切使我觉得当初通过游戏来讲解 Scratch 少儿编程的路径算是找对了。

然而，仍然不断有读者来信反映，学习这些游戏案例编程的难度比较大，尤其是一些中高级难度的游戏，整个游戏的设计较为系统化，代码相对复杂一些，小朋友学习起来很困难。尽管我和儿子为《Scratch 2.0 少儿游戏趣味编程》一书拍摄了视频课程，但这对降低学习难度所起到的作用仍然有限。这让我认识到，在满足不同市场需求的产品层次上，还存在一定的空白，也需要有一定的差异性——我应该写一本比游戏趣味编程更简单、更适合孩子的认知过程、更自然地衔接和过渡到游戏编程项目实战的 Scratch 编程读物。

2019 年 1 月 3 日，Scratch 3.0 正式发布了。Scratch 3.0 是一个经过完全重新设计和实现的 Scratch 版本。Scratch 3.0 是使用 HTML 5 编写的，可以得到更加普遍的支持，并且不需要任何的插件就可以运行。Scratch 3.0 的用户界面焕然一新，交互感更好。如果更加细致地观察和审视，我们不难发现 Scratch 3.0 的更新包括很多方面，但 Scratch 3.0 的更新有几个重要的核心原则，其中之一就是要让新用户更容易上手，即“低地板”的设计思想。

得知 Scratch 3.0 即将发布的消息，我较早就着手准备《Scratch 3.0 少儿游戏趣味编程》的写作。在写作该书的过程中，我更加深刻感受到青少年读者阅读和学习那本书的困难和门槛，于是，我下定决心，从游戏选取、讲解方式等方面进行了优化。同时，在这个过程中，我也更加深切地体会并由衷赞赏 Scratch 3.0 进一步降低用户门槛的设计方法。在《Scratch 3.0 少儿游戏趣味编程》交稿后，我越发坚定了写一本更加适合初学者入门的图书的决心和信心，于是有了您手中的这本《Scratch 3.0 少儿编程趣味课》。

本书的内容结构

本书写作基于最新的 Scratch 3.0 版本，对于每一课主题的选取，内容难度的设定，素材的取舍等都做了精心的设计和安排。全书共分为 3 篇 25 课。

第 1 篇是预备篇，包括第 1 课到第 4 课，主要帮助读者尤其是家长和教师，了解少儿编程的背景、建构主义学习理论和创造性学习方法、Scratch 的发展历史等，并且给出了学习本书和 Scratch 编程的建议。

第 1 课　首先介绍了“编程是一种表达”这一理念，然后分析了编程作为一种技能的重要性以及掌握编程的好处，最后简单介绍了编程语言的发展和分类，帮助读者认识学习 Scratch 编程的目的。

第 2 课　介绍了让·皮亚杰的建构主义学习理论和 LOGO 语言之父西摩尔·帕普特的实践，以及“Scratch 之父”米切尔·雷斯尼克的创造性学习曲线等理论的核心思想，揭示其一脉相承的关系。这一课的内容对于深入理解少儿编程工具的原理和领悟这些工具的学习方法非常有帮助。

第 3 课　介绍了从 LOGO 语言、乐高积木到 Scratch 的发展历程，进一步介绍了 Scratch 的 4P 原则和“低高宽”的设计理念，以帮助读者更加深刻地理解和认识 Scratch 这一可视化编程工具，为第 2 篇内容的学习打下坚实的基础。

第 4 课　分析和阐述了米切尔·雷斯尼克给学编程的少儿家长和教师的十条建议，并且对本书的读者提出了十条建议，以帮助读者更好地完成少儿编程的学习过程，更好地阅读和使用本书。

第 2 篇是技能篇，主要是按照由简到难的顺序，结合 30 多个不同大小、类型的项目案例，介绍了各种类型的 Scratch 3.0 积木的功能和用法。本篇的每一课都会先通过列表的方式详细介绍一类积木的功能，简要描述其用法并回顾前面各课中使用到该类积木的情况。然后通过 2 ~ 5 个项目案例，展示该类别中主要积木的用法。在项目案例的介绍中，穿插了“想一想，试一试”的板块，引发读者思考，鼓励读者大胆动手尝试、改进和提高案例。

第 5 课　带领读者认识 Scratch 网站，了解如何加入 Scratch 社区，以及如何安装 Scratch 离线版，进一步介绍了项目编辑器的各个区域、功能和用法。最后，简单尝试了一下积木编程，实现让小猫动起来和叫起来的设想。

第 6 课　首先介绍了 Scratch 编程用到的一些基本概念，包括角色、造型、背景、积木等；然后讲解了程序设计中用到的变量、列表、计算、循环、条件等概念，这些概念在其他的编程语言中也会用到。

第 7 课　进一步深入介绍 Scratch 编程的两个重要概念——角色和背景，详细讲解了如何添加角色和添加背景；然后，通过实现鹦鹉飞翔的示例展示了如何实现角色动画，通过 Elf 和魔法师的示例讲解了如何编写故事和实现背景的切换。

第 8 课　介绍了运动积木，并且通过旋转字母、滑来滑去、使用方向键、海底追赶游戏 1.0 版等项目示例，展示了运动积木的常见用法。

第 9 课　介绍了外观积木，并通过 Elf 变大变小、隐藏和显示、Elf 寻宝斗恶龙、海底追赶游戏 2.0 等生动有趣的项目，展示了外观积木的用法。

第 10 课　介绍了事件积木，并通过心随声动、Elf 变大变小 2.0 版、Elf 进入古堡等项目，展示了事件积木的用法。

第 11 课　介绍了声音积木，通过演奏萨克斯和海底追赶游戏 3.0 版两个示例，展示了声音积木的用法。

第 12 课　介绍了控制积木，通过 Elf 吵醒恶龙、克隆的特效、Elf 魔法变马等示例，展示了控制积木的用法。

第 13 课　介绍了侦测积木，通过声音之花和大鱼吃小鱼两个示例，展示了侦测积木的用法。

第 14 课　介绍了运算积木，通过四则运算和健忘的多莉两个项目示例，展示了运算积木的用法。

第 15 课　介绍了变量积木，并通过抓气球、大鱼吃小鱼 2.0 版、成绩表等项目示例，展示了如何创建和使用变量以及列表。

第 16 课　介绍了自制积木，并通过一个综合性的、有趣的 Scratch 精彩之旅项目，展示了如何根据项目的实际需求定义并调用自制积木。

第 17 课　介绍了音乐积木，并通过一个充满趣味性、可以进一步自行定制的乐队演奏项目，展示了如何使用音乐积木。

第 18 课　介绍了画笔积木，并且通过种树、小动物的旋转舞会、旋转的小乌龟等几个项目示例，展示了画笔积木的应用。

第 19 课　介绍了视频侦测积木，并且通过打气球、演奏架子鼓和拯救乐高小人这 3 个有趣的项目，展示了如何使用视频侦测积木。注意，要学习本章示例，一定要打开计算机、平板电脑或手机的摄像头。

第 20 课　介绍了翻译积木和文本朗读积木，并通过一个综合性的 Elf 遇到机器人的项目示例，介绍了这两类积木的用法。

第 3 篇是实战篇，主要是介绍了如何结合 Makey Makey、micro:bit、LEGO MINDSTORMS EV3 等硬件，使用 Scratch 3.0 中相应的扩展积木进行编程，连接硬件以实现项目；此外，还介绍了如何综合运用 Scratch 3.0 各类积木来编写两款经典的游戏。这一篇内容难度相对较大，读者可以根据自己的实际情况和兴趣来学习掌握。

第 21 课　介绍了什么是 Makey Makey 以及 Scratch 3.0 支持 Makey Makey 的积木，并通过幸运轮盘和演奏钢琴这两个项目，展示了如何使用相应的积木。

第 22 课 介绍了什么是 micro:bit、如何连接到 micro:bit 以及 Scratch 3.0 支持 micro:bit 的积木，并且通过将第 10 课中的心随声动项目进一步修改为用 micro:bit 操控，展示了如何使用相应的积木；并且通过一个演奏吉他的示例，进一步展示了 micro:bit 类积木的应用。

第 23 课 本课介绍了如何连接到 LEGO MINDSTORMS EV3 以及与其相关的各个积木，并通过天上掉馅饼、拍篮球两个项目示例，展示了如何使用这些积木。

第 24 课 本课综合介绍了如何使用 Scratch 3.0 积木编写一款经典的打鸭子游戏。

第 25 课 本课综合介绍了如何使用 Scratch 3.0 积木编写一款经典的、有趣的愤怒的小鸟的游戏。

本书的特色

本书在策划和写作过程中，体现出以下几个方面的特色。

- 从青少年认知和学习理念入手，帮助少儿迈好学编程的第一步。在本书的第一篇预备篇中，作者着重介绍了编程的理念、学习编程的重要性、编程语言的分类、建构主义学习理论和创造性学习方法、从 LOGO 语言到 Scratch 语言的发展历程、Scratch 的设计理念等。讲解这些内容的主要目的是，帮助读者尤其是家长和教师，在开始让孩子学习编程之前，具有足够的知识储备、理论储备和心理准备，帮助小读者迈好学习编程的第一步。
- 坚持“做中学”的方法。建构主义学习理论和创造性学习方法都强调实践，也就是在“做中学”。本书也坚持这一方法和理念，每课内容不仅介绍各类积木的基础知识，还通过数个项目示例来展示这些积木的用法以及使用中的注意事项。读者只要跟着项目案例来动手操作，很快就能够掌握 Scratch 3.0 编程的基本技能。
- 内容精心设计，项目选材独到。本书在每课主题的安排、项目案例的选取上都进行了精心的设计和策划。每课内容的难度适中，按照由简到难的顺序，循序渐进，更符合读者的学习规律。在示例项目的选取上，注意由简单项目起步，到最后给出两个较大和完整的游戏项目。示例项目共计 40 多个，类型丰富多彩，除了动画、故事，还有一些有趣的小游戏。在后续课程的项目中，注意和前面项目角色的延续性，特意将之前的简单项目逐步扩展、改进，帮助读者顺利学习，逐步提升。

- 鼓励读者反思和尝试。本书既注意基础知识的介绍，也注重操作步骤的说明和示例，尤其注意通过“想一想，试一试”板块，来鼓励读者进行反思和尝试，以便提升学习效果。在附录部分，我们针对课程中“想一想，试一试”部分提出的问题，给出了提示或解答，方便读者参考学习和动手实践。

目标读者和阅读建议

本书适合以下几类读者参考阅读。

- 中小学信息技术课教师或相关培训机构老师，可以使用本书作为教材，教授 Scratch 3.0 编程基础课程。
- 想引导孩子学习 Scratch 3.0 的家长，可以使用本书作为亲子读物，一边阅读，一边教孩子掌握 Scratch 3.0 编程。尤其是本书第一篇系统介绍了青少年认知和学习理论，少儿编程语言的历史、发展等，还针对家长和老师给出了有效的建议，能够帮助小读者迈好学编程的第一步。
- 小学生或初中生，也可以自学本书，遇到有难度的地方，可以向家长或老师请教。

关于学习 Scratch 编程及阅读和使用本书的建议，请参考本书第 4 课内容。

资源下载和观看配套视频

如果想要在线访问本书中的所有程序示例，可以在 Scratch 的主页搜索“SuperLearner2”，可以从“Scratch 3.0 少儿编程趣味课”工作室中找到所有程序。

也可以通过 www.epubit.com 下载本书的示例程序，以在 Scratch 3.0 在线版、Scratch Desktop 或 Scratch 2.0 离线版本，通过“文件”/“从电脑中上传”的方式导入程序。

读者可以在异步社区本书页面中点击“观看在线课程”按钮，回答与本书内容相关的问题后，通过页面下方的“在线课程”栏观看本书的配套视频。

作者简介

李强，计算机图书作家和译者，已陆续有 30 余本图书问世，多本书成为业内经典之作。他也曾是赛迪网校计算机领域的金牌讲师，从 2002 年开始计算机的网络授课。近年来，在陪伴儿子的成长过程中，逐渐将重心转移到青少年计算机领域的教学中。他编著的《Scratch 2.0 少儿游戏趣味编程》成为该领域畅销书，配套的教学视频得到了读者的喜爱。

林子为，北京市海淀区中关村第二小学四年级学生，对科技和编程有浓厚的兴趣，曾参加谷歌全国中小学生计算思维与编程挑战赛。

郝敬轩，北京市东交民巷小学六年级学生，对科学充满好奇心，喜爱学习计算机编程，对 Scratch 编程有浓厚兴趣。

致谢

正如前面所提到的，本书的写作离不开《Scratch 2.0 少儿游戏趣味编程》的成功和《Scratch 3.0 少儿游戏趣味编程》的出版。感谢这两本书的读者，他们提出了非常宝贵的反馈意见，给了我持续研究 Scratch 3.0 主题和继续写作的信心。

写一本书是一件很不容易的事情。本书从下定决心到素材收集，从搭建大纲到具体动笔，整个过程漫长而备受煎熬。感谢家人对我的支持，没有他们的帮助和鼓励，这本书难以完成。林子为和郝敬轩两位小朋友，是我开设的趣味编程课的学生，他们为这本书中的部分创意和素材做出了贡献，并且帮助完成了全部项目示例的测试工作。

感谢人民邮电出版社的陈冀康编辑，本书的构思和写作过程，是在他的帮助和激励下完成的，在此过程中，本书的体系结构和作者的策划写作水平都得到了很大的完善和提高。

感谢本书的所有读者。选择了这本书，意味着您对作者的支持和信任，也令作者如履薄冰。由于编者水平和能力有限，书中一定存在很多不足之处，还望您在阅读过程中不吝指出。可以通过 reejohn@sohu.com 联系作者。

CONTENTS

目录

第1篇　预备篇

CONTENTS

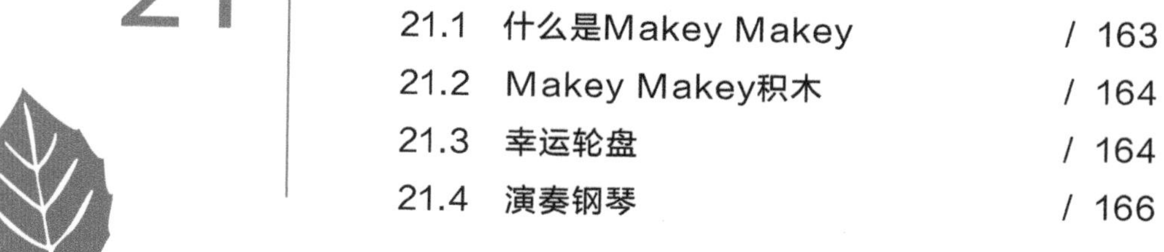

第 1 篇

预备篇

第 1 课 编程是一种流畅的表达

1.1 编程是一种表达

人类天生就会表达。所谓的表达，就是通过语言、声音、文字、图画等各种各样的形式，把内心的意思传达出来。要表达出来的东西通常是隐藏在人们内心之中的。我们的表达工具包括语言、声音、文字、图画等，那么，相应的表达方法也有很多种，比如唱歌、跳舞、画画、做手工、写文章、演奏乐器等。

编程实际上也是一种表达方式。从一定程度上讲，编程是和写作非常相似的表达方式。当我们学习写作文的时候，如果只是学习汉字的笔画、间架结构、语法、标点这些，那肯定是远远不够的，真正的挑战和难关在于对篇章和段落的构思和想法。想象一下，我们仅仅玩成语接龙这种游戏，可能也能够极大地丰富自己的词汇量，而且可能还会培养对语文的学习兴趣，但这能让你掌握写作方法，成为一名写作高手吗？我想这是很难的。

无论是写作，还是编程，都不是单纯的某一种技巧的积累，而是一种综合的素养和表达习惯或方式的培养，关键在于要具备流畅地进行表达的能力。作为表达的方式，编程和写作同样都能够帮助你开拓思维，整理思路，表达心声，进而培养出身份的认同感。

1.2 编程的重要性和好处

早在 2015 年，美国前总统奥巴马在接受媒体采访的时候就表示："我们需要让孩子们参与数学和科学，这不仅仅是一小部分孩子，而应该是所有人。所有人都应更早地学习如何编程。"在美国，STEAM 教育理念受到普遍的重视和运用。孩子从比较小的年龄，就开始接受科学、技术、数学、艺术等方面的启蒙和熏陶。

在我国，特别是在一些经济比较发达的省份和地区，以中小学信息技术课程为基础的少儿编程教育也起步和发展较早。2014 年，浙江省教育改革方案中，将信息技术科目（包含编程）纳入高考。2018 年，国务院发布《新一代人工智能发展规划》，提出完善人工智能教育体系，在中小学阶段设置人工智能相关课程，逐步推广编程教育。同年，全国计算机等级考试开始加入 Python 语言的内容。随后，一些省份在教育改革中加大了对编程的重视力度，山东省在小学六年级的信息技术教材中加入 Python 的内容，广东省也计划将信息技术纳入高考内容。除了学校教育，校外的少儿编程培训也如雨后春笋般地迅速发展起来，很多培训机构都开设了少儿编程的相关课程。

为什么人们对学习计算机编程的热情激增，尤其是对于孩子学习编程如此重视呢？学习编程至少对孩子有以下几个方面的好处。

1. 开发思维，增强逻辑思维能力

当学习编程的时候，孩子会成为一个很好的思考者。例如，孩子将学会如何把复杂的问题分解成简单的部分（也就是我们常说的分而治之的原理），学会如何找到问题并进行调试和解决，学会如何在一段时间内不断地迭代、完善和改进解决方案。而所有这些思维策略，一言以蔽之，就是“计算思维”的概念。在不知不觉之中，孩子的计算思维得到了开发，逻辑思维能力得到了增强。

学会了计算思维和逻辑思维，孩子们将会发现它不仅适用于计算机方面，而且也适用于所有的解决问题和设计活动中，甚至是生活的方方面面，例如，统筹烧开水沏茶的时间、确定按照菜谱炒菜的顺序、在超市中走最短的路径找到所有要买的东西等等。

2. 培养孩子的专注力和细心程度

兴趣是最好的老师。一旦培养了对编程的兴趣，孩子就愿意投入时间、精力和热情来做这件事。此外，前面提到的查找问题并进行调试，几乎是编程过程中必不可少的步骤。有的时候，非常细微的错误，会导致程序无法运行。而无论是调试错误还是学会避免错误，都能够培养孩子的细致程度和耐性。

3. 增加孩子的抽象思考能力

前面提到，编程和写作一样，是一种表达方式，更进一步来说，它们都是一种比较抽象的表达方式。具体来说，孩子需要把抽象的思路和想法，用有形的、具象化或符号化的东西表达出来。从这一点来说，编程是写作的一种延伸，它要求你“书写”出创新的东西，而这是以前所没有的东西，例如故事、游戏、动画、模拟等等。如果没有抽象思考的能力，不能充分发挥自己的想象力的话，是很难做到编程创新的。

4. 增强孩子思考能力和动手解决问题的能力

编程的过程中，总是会面临一道道的关卡和挑战，这就要求孩子开动脑筋，积极思考，并且学会利用已有的知识、手边的资源、伙伴和老师或家长的帮助来解决问题。一旦养成这种思考和解决问题的习惯，给孩子带来的成长和收获是巨大的——当他们面对现实生活中形形色色的问题的时候，也将会积极思考，不断尝试和破解难题。

5. 培养认同感和成就感

最后，学会编程还将给孩子带来巨大的认同感和成就感。在现代社会中，数字科学和信息技术已经相当普及，而且其发展日新月异，这些都极大地影响和改变着

我们的社会和生活。一旦掌握了用数字技术表达自己和解决问题的能力，孩子就会用全新的视角来看待自己，并且会因为拥有这一技能且对社会做出贡献而获得极大的成就感。

编程竟然对孩子有这么多的好处，那么你还等什么呢？还不快抓住机会，让你的孩子来学习和掌握这种技能，以这种方式来进行流畅的表达！

1.3 编程语言的类别和层级

计算机编程语言的发展大概有几十年的历史。这期间，编程语言经历了从低级语言向高级语言发展的过程。我们这里所说的低级语言和高级语言，并不是指语言的功能和水平等，而是指编程语言与人类自身语言的接近程度上的区别。低级的语言更加接近于机器语言，计算机理解起来比较容易，人类理解起来比较困难，这是比较底层的语言。而高级语言的语法和表达方式，更加接近于人类自身的语言，需要通过一种叫作编译器和解释器的东西（你可把编译器和解释器想象成翻译人员）将其转换为计算机比较容易理解的机器语言，然后机器才能执行。

各种编程语言的分类和层级如下图所示。

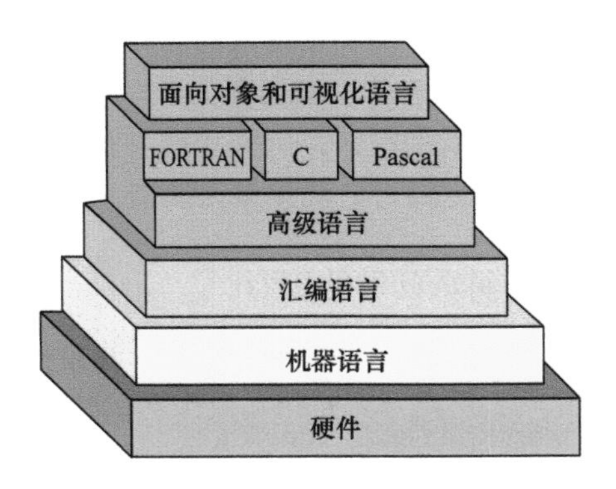

你一定已经听说过一些编程语言的名字，比如 C、C++、Java、Python 等等。我们现在所接触的这些现代编程语言，一般来说都是高级编程语言，其语法和人类自然语言比较接近，需要经过编译器或解释器才能转换为机器语言。还有一些更加易于学习的可视化语言，比如Scratch就是一种可视化语言，它们是在高级语言的基础上，经过包装或定制后，才成为更加容易学习和理解的编程语言的。

你可能会问，为什么不直接学习 C、C++、Python 这样的高级语言，而要学习 Scratch 这样的可视化语言呢？这主要是因为 Scratch 对于青少年来说更加容易理解和上手。Scratch 包含了讲故事、做动画、设计游戏等功能元素，而这些元素都特别能够激发孩子的学习兴趣。等到他们通过 Scratch 逐渐熟悉和掌握了编程语言的一些基本原理，再去进一步学习 Python 或 C++ 等高级语言，就会容易很多。

因此，学习编程需要一个从易到难的过程，而 Scratch 真的是一种更不错的入门语言，对于孩子来说更是最佳的选择。

第 2 课 建构主义学习理论和创造性学习

2.1 建构主义学习理论

20 世纪中叶，瑞士著名心理学家、哲学家让·皮亚杰（Jean Piaget）提出了建构主义（Constructivism）学习理论，这一理论阐述了人们（特别是孩子）是如何学习的。让·皮亚杰发现，人们会基于过往的经验和对世界的理解来构建知识（constructing knowledge），而不是获得知识（acquiring knowledge），即从简单结构到复杂结构的转变是一个不断建构的过程，任何认识都是不断建构的产物。

让·皮亚杰（1896~1980）

基于这一理论，孩子理解周围的世界并不是通过学习大人所掌握的知识的“小孩子版”或只是作为一个空的容器被灌输知识（所谓的填鸭式学习），而是作为一个活跃的个体与世界互动并构建出不断发展的认知。

让·皮亚杰对儿童认知心理学的贡献，使得他成为儿童心理学、发生认识论的开创者，并且被誉为心理学史上除了弗洛伊德以外的另一位“巨人”。

西摩尔·帕普特（Seymour Papert）在让·皮亚杰的基础上进一步创建和发展了教育建构主义，并且将其融入他所发明 LOGO 计算机编程语言中。

西摩尔·帕普特（1928~2016）

西摩尔·帕普特曾于 1958 年至 1963 年在日内瓦大学追随著名心理学家让·皮亚杰学习儿童心理发展的理论，因此，皮亚杰声称“没有人能理解我的想法和帕普特”。后来，帕普特在一次学术会议上与人工智能研究的先驱马文·明斯基（Marvin Minsky）相识并彼此相见恨晚。明斯基邀请帕普特来到 MIT，由此开启了帕普特在美国的学术生涯。帕普特参与创办了 MIT 人工智能实验室，也是后来成立的 MIT 媒体实验室的创始教员。作为 MIT 人工智能实验室联合负责人，著名的理论教育家，帕普特提出了“建构主义”教育理论，认为学生可以通过具体的材料而不是抽象的命题来建立知识。

多年后，帕普特把皮亚杰的理论充分地融合贯穿到 LOGO 语言的设计和实践之中。1967 年，他发明了 LOGO 语言。与一般的计算机语言不同的是，LOGO 语言输出的表现结果是几何图形。由于绘图的光标一开始是一只小海龟，所以 LOGO 语言也被亲切地称为“小海龟画图”。在 LOGO 编程语言的世界中，孩子可以在键盘上写下指令，让小海龟在画面上走动，无论是上下左右，还是按照一定的角度、速度或重复动作等都可以做好。这虽然看起来简单，但其背后的知识是人工智能、数学逻辑以及发展心理学等多种学科的结合。简单的指令组合之后可以创造出非常多的东西。

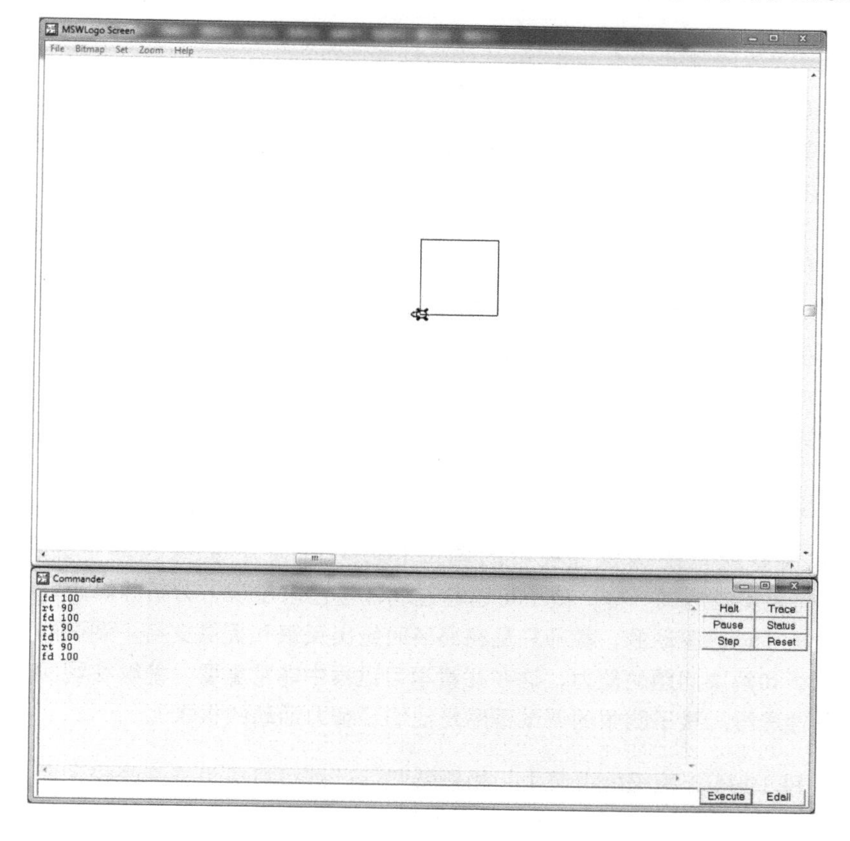

在帕普特 1980 年的著作《头脑风暴》(MindStorms) 中，他写道“通过编写计算机程序，孩子们既能尝试着理解和掌握最现代、最强大的技术工具，有机会触及科学和数学的最深处，还能体会到创建智能模型的美”。时至今日，这一观点也是非常具有前瞻性的。

帕普特的教育思想主要有 4 个核心点：

1. 孩子在做中学

在帕普特看来，好的教育不是如何让老师教得更好，而是如何提供充分的空间和机会让学习者去构建自己的知识体系。当孩子制作一些对自己有意义的作品时，如编写故事、编写程序或是创作音乐时，孩子正处于学习知识的最佳状态。他被自己的热情所驱动，主动地去获取知识而不是痛苦地被填鸭。这和皮亚杰的建构学习理论如出一辙，也是其教育思想的核心。

2. 可触摸的实体帮助思考具象化

我们现在看到的很多工具，如乐高积木、乐高机器人、树莓派、micro:bit、人工智能小车等，都是基于这一思想开发出来的。可触摸的实体，能够激发孩子的学习兴趣，帮助他们进行具象化的思考。

3. 强大的创意 (powerful ideas) 可以赋能个体

编程本身并不能使孩子成为更懂得思考的人，只有当孩子通过编程，在计算机上做了某些模拟，加深了对世界的理解和认识之后，他们才真正体会和接触到帕普特所说的强大的创意。当然，更加重要的是，产生这种强大创意和点子的能力，也就是一种创新思维能力。

4. 自我反省可以帮助孩子搞清楚自己的思考与周遭环境的联系

自我反省就像是编程过程中的调试 (debugging)。就像程序中会出现错误 (bug)，需要反复调试一样，孩子可以通过调试自己来发现、分析并修正错误。这个过程是由孩子自己驱动的，教师只是在必要时给出反馈和提供支持。调试的技能实际上就是分析和解决问题的能力，这在儿童学习过程中非常重要，能够在现实生活中训练出批判性思维。孩子脑中的调试程序是他们“智力活动的根本”。

在一段 1984 年拍摄的视频中，帕普特坚信计算机将成为未来学校和家庭的重要组成部分，就像纸和笔一样。他也阐述了自己的理念，“孩子通过学习编程，他们在学习一些重要概念：运动、反馈、工业设计的原则等等，但是最重要的是他们学习到的知识是一个统一的整体，科学、数学等正式学科和他们热爱的玩具和游戏不是彼此分离的。”显然，在他看来，计算机或者计算机编程只是孩子们学习和认知世界的一种工具。

皮亚杰和帕普特的建构主义学习理论成为此后儿童编程教育思想的基础。从他们的建构主义学习理论中，我们可以看到此后的儿童编程领域的世界观和灵魂所在——对活动和交互的重视，让孩子在玩耍中不断养成和调整心智模式。

2.2 创造性学习

米切尔・雷斯尼克（Mitchel Resnick）是麻省理工学院的教授，作为 Scratch 的发明者和乐高背后的驱动者，他被誉为“少儿编程之父”。

米切尔・雷斯尼克（Mitchel Resnick）

在开发和推广 Scratch 的过程中，米切尔・雷斯尼克继承了让・皮亚杰和西蒙・帕普特的衣钵，提出了一套创造性学习的理论。

在米切尔看来，有 A 型人和 X 型人两类人。A 型人注重遵守指示和规则，各方面都表现优异，善于考试。而 X 型人则愿意冒险，勇于尝试新鲜事物，渴望提出自己的问题，而不是简单地解决教科书里的问题。教育和社会发展的未来，应该是培养更多的 X 型的人。因为未来的世界发展变化如此之快，X 型人的创造性思考和行动的能力将变得至关重要。

通过观察幼儿园孩子的学习方法，米切尔将他们的学习过程归结为一种创造性学习的曲线——包括想象、创造、游戏、分享、反思……想象的一个递归的、螺旋式前进和上升的过程。

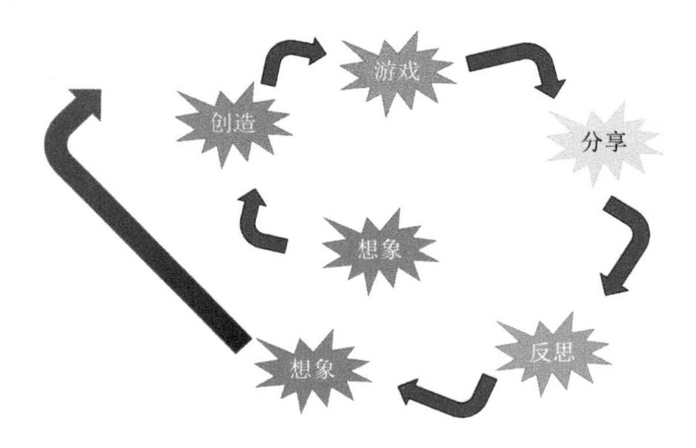

想象。首先，通过一个想象中的物体或故事，来确定一个创造的目标。

创造。把想法变成行动，创造出想象中的物体或故事情节。

游戏。不停地把玩、修改和重建所创造的作品，并尝试加入新的情节。

分享。负责构建物体和创作故事情节的孩子们互相交流想法，把新的构想作为推动目标和故事发展的机会。

反思。当所构建的物体发生问题的时候，触发孩子反思，解决问题，进一步优化和重新构建。

想象。经历了一次创造性学习曲线的全部过程之后，孩子又有了新的想法和新的方向，激发下一轮的创造活动。

可以看出，创造性学习曲线是创造性思维的“引擎”，而创造性思维能够不断激发和产生帕普特理论中提到的强大创意。然而令人遗憾的是，当我们离开幼儿园，走进教室的时候，就不再遵循这种创造性学习曲线了。

米切尔致力于发现并推广新的学习方法和学习工具，以形成和延续这种创造性学习曲线。这就是我们将要在下一课中结合 Scratch 发展历程介绍的“4P”学习法。

第 3 课 Scratch 的前世今生

3.1 LOGO 语言

要彻底搞清楚 Scratch 的起源，我们先要从 LOGO 语言说起。研发 Scratch 的灵感可以追溯到 1967 年。这一年，西摩尔·帕普特开发出了名为 LOGO 的编程语言，这也是全球第一款针对儿童教学使用的编程语言。

与当时其他的计算机语言不同，LOGO 最主要的功能是绘图。进入 LOGO 界面，光标将被一只闪烁的小海龟取代。输入“forward 50”（向前 50）、“right 90”（向右 90）这样易于儿童理解的语言和指令后，小海龟将在画面上走动，画出特定的几何图形。

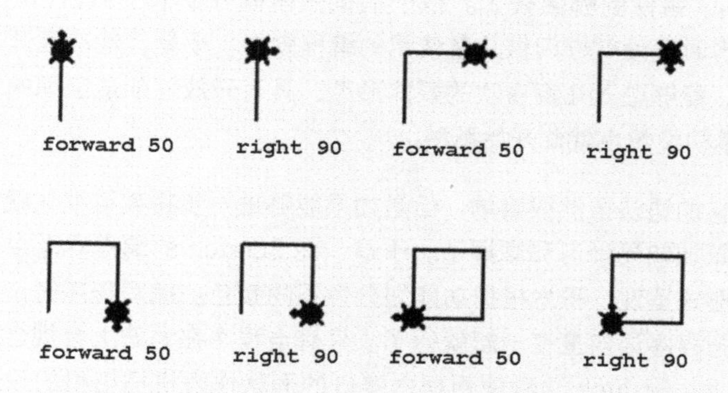

LOGO 语言虽然看起来简单，但其背后的知识是人工智能、数学逻辑以及发展心理学等学科的结合。简单的指令组合之后可以创造出非常多的东西。

虽然 LOGO 语言的语法简单，而且功能也很强大，但是其输入命令的编程方式还是不那么直观，小孩子学起来也有一定的难度。Scratch 的出现改变了这种情况。

3.2 可视化的Scratch编程语言

1982 年春天，年轻的记者米切尔 · 雷斯尼克前往旧金山报道西海岸计算机展，刚好赶上 LOGO 编程语言的发明者西摩尔 · 帕普特做主旨演讲。西摩尔 · 帕普特的演讲使米切尔 · 雷斯尼克对计算机有了新的理解："它不只是完成某项任务的工具，还可以是人们表达自我的新方式。" 于是，米切尔 · 雷斯尼克很快申请入读麻省理工学院，并成为西摩尔 · 帕普特的学生，研究如何借助技术让儿童成长为具有创造性思维的人。

乐高公司和 MIT 媒体实验室一直保持着密切的联系和合作。1983 年，米切尔·雷斯尼克与西蒙 · 派珀特一起尝试基于乐高积木来研发项目。他们将乐高积木与 LOGO 语言结合，当乐高模型与计算机连接后，孩子就能够通过 LOGO 程序来控制乐高积木。这款硬件与软件的组合后来被称为 "乐高 /LOGO"，在 1988 年由乐高公司作为产品推出。

1989 年 12 月，米切尔 · 雷斯尼克接到了时任波士顿计算机博物馆教育主管娜塔莉 · 腊斯克的电话，她希望借用一些乐高 /LOGO 作为博物馆假期活动的材料。博物馆为期一周的活动效果出奇地好，活动结束后，还不断地有孩子返回到博物馆，询问那些乐高 /LOGO 组件到哪里去了。孩子们试用乐高 /LOGO 的过程使米切尔 · 雷斯尼克意识到，当时还没有专门供儿童使用的编程软件。于是，他决定开发一款适合儿童的认知水平、能够融入儿童喜欢的媒体形态、具有开放性创造空间的编程软件，有关 Scratch 的最初设想也就此开始酝酿。

LOGO 语言的语法虽然很简单，但是如果能够进一步将其可视化就好了，这样一来，孩子们就更加容易学习和掌握了。于是，在 Scratch 的编程界面中，程序语句都以积木拼接的形式呈现，积木根据功能划分为不同颜色。编写程序时，用户只需要像拼插积木一样把程序语句垒在一起就行了。只有当程序在语法上合规合理时，积木的接口才能对接上。Scratch 这种使用积木接口的形状作为拼插指引的设计，借鉴于乐高积木。而 Scratch 所有的语法，几乎都借鉴了 LOGO 语言的语法。

Scratch 的首个版本在 2007 年发布。2013 年，Scratch 发布了可直接在网络浏览器里在线操作的 2.0 版本。2019 年 1 月，Scratch 3.0 发布了，它使用 HTML5 重新编写，支持图形式编程，并且可以在平板电脑和手机上使用。时至今日，Scratch 的在线平台已经有超过 1800 万的注册用户，被翻译成 70 余种语言，风靡 150 多个国家和地区。Scratch 语言与各种硬件和软件相结合（Makey Makey、micro:bit、LEGO MINDSTORMS EV3、LEGO EDUCATION WeDo 2.0 等），在学校、家庭以及校外的计算机和编程教育等场所广泛使用。教师也使用 Scratch 语言服务于其数学、科学、地理、历史、艺术等教学。Scratch 为儿童创造了一个低门槛的编程学习环境，也方便孩子将来学习其他的编程语言。

3.3 4P原则

除了可视化编程功能之外，Scratch 最与众不同的地方或许在于它背后的设计理念，这也是米切尔·雷斯尼克一直所提倡和推广的创造性学习方法的 4P 原则。

4P 原则就是指项目（Project）、热情（Passion）、同伴（Peers）和游戏（Play）。简而言之，米切尔认为 4P 原则是培养创造力的最好方法，而 Scratch 的持续设计和开发工作，都是由创造性学习的 4P 原则引导的。

项目。“开始创作”或“创建”项目是 Scratch 用户和社区的核心活动。通过创造项目，用户开始了创造性学习曲线，从而深入了解了创造的过程。这也是做中学的开始。

热情。当人们从事自己关注的项目的时候，往往愿意花更多的时间，投入更多的精力。Scratch 注重“宽墙壁”的设计理念，涵盖了游戏、故事、动画等多种类型的项目，力图让每个用户都能够找到自己感兴趣的项目，进而投入更多的热情。

同伴。创造力的开发不是一个单一的过程，而是一个互动的过程，甚至是社会性的过程。完成创作之后，用户只要点击“分享”按钮，任何人都可以看到开源的程序脚本，并借用和改编它。通过在一个社区合作、分享和修改彼此的作品，项目活动和在线交互就能够相互融合，从而形成深入而广泛的互动。人们结成同伴关系之后，参与感更加强烈，思维也能碰撞出更多美丽的火花。

游戏。Scratch 支持通过尝试来培养创造力，鼓励用户冒险尝试和积极参与，从而激发他们不断去创造新的项目，产生新的想法。

3.4 低高宽的设计原理

在讨论用技术来支持学习和教育的时候，LOGO 语言之父西摩尔·帕普特总是会强调“低地板”和“高天花板”的原则。他说，成功而有效的技术应该能够为新手提供简单的入门方式，即“低地板”，同时又能让他们随着时间的推移和经验的积累去从事日益复杂的项目，即“高天花板”。LOGO 语言就是这样，操作小海龟的语法非常简单直白，但熟练掌握并灵活运用之后，就能够绘制出极为复杂的几何图像。

在 Scratch 的设计中，“低地板”和“高天花板”的原则也得到了贯彻和体现。师承西蒙·派珀特的米切尔·雷斯尼克给 Scratch 新增添了一个设计维度，即“宽墙壁”。雷斯尼克意识到，从“低地板”到“高天花板”，仅仅提供单一的途径是不够的，要能支持不同类型的项目和学习路径，即把学习的入口和跑道都拓宽。

“低地板 + 高天花板 + 宽墙壁”这个三角形的设计理念反映在 Scratch 平台上目前超过 3700 万个编程作品里。

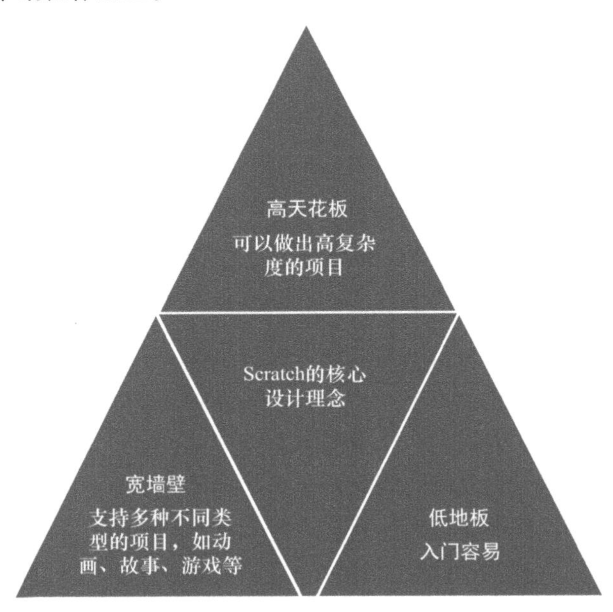

Scratch 3.0 所有功能和界面上的改进和设计原则，都是为了让新手更加容易上手。Scratch 3.0 还提供了丰富的视频教程、案例、卡片，帮助用户开发出令人炫目的项目。

打开 Scratch 网站，我们可以看到音乐生日贺卡、捡苹果小游戏、螃蟹跳舞动画等难度不同和主题各异的编程项目。如今，Scratch 能够风靡全球，这 3 项设计原则应该说功不可没。

3.5 婴儿围栏和游乐场

事实上，游戏（Play）这个原则是 4P 学习法中被人们误解最多的环节。人们往往觉得游戏是欢笑、乐趣和玩乐。而且，如果孩子在计算机、平板电脑、手机上玩上几个小时，家长会焦虑并担心孩子会沉迷游戏、损坏视力、不擅社交等等，但如果孩子花费同样多的时间读书，家长则会觉得无所谓。人们忽略了游戏对于创造力的重要性。

当然，也并非所有的游戏都能给人们带来创造性的学习体验。我们用婴儿围栏和游乐场的比喻来说明这个问题。婴儿围栏是一个限制性的环境，婴儿在其中的活动空间有限，探索的机会也很有限。他们能够在围栏里玩玩具，但是种类和范围是有限的。这种环境让孩子缺乏实验的自由，缺乏探索的自由，缺乏创造性尝试的机会。

相比之下，游乐场则提供了更多的空间让孩子去走动、探索、实验和协作。观察一下游乐场的孩子，你会发现他们特别活跃，在各个不同的空间、不同的玩具之间尝试，玩自己的游戏，还经常会有一些创造性的动作，而且不同的孩子之间，也经常会有互动和协作。游乐场更加能够促进孩子的掌控力、创造力和自信心的发展。

Scratch 就是要发展为一种游乐场式的玩具，而不是婴儿围栏式的工具。Scratch 支持游戏、动画、故事等不同的玩具场景，鼓励用户动手去尝试，通过社区带动用户的交流，而不会将用户限定在某一个可活动、可操作的范围之内。如果在 Scratch 中没有去大胆地尝试新功能，新创意，那么，你肯定没法通过学习 Scratch 来培养创造力。

3.6 面向未来的Scratch

2018 年 8 月 1 日，Scratch 3.0 测试版发布，这是自 2013 年 Scratch 2.0 问世以来的又一次升级。Scratch 3.0 将能够在平板电脑和手机上使用，并且加入了更丰富的图像编辑、声音编辑、谷歌翻译等功能。另外，Scratch 3.0 还可以与 LEGO MINDSTORMS EV3和LEGO EDUCATION WeDo 2.0兼容。2019年1月3日，Scratch 3.0

正式发布。

大部分教授编程的基础教程都是通关式的，孩子们创建一个程序，移动一个虚拟角色，让它做一些事情并达成目标。孩子们在编写程序解决问题的过程中，就学习到了编码的技能和计算机科学的概念。

但 Scratch 不同。作为 Scratch 的缔造者，米切尔·雷斯尼克及其团队认为 Scratch 不仅是一种编程语言，更是一个在线学习社区。Scratch 专注项目，而不是问题解决，它鼓励孩子们创造自己的互动故事、游戏和动画，从创意开始，把这些想法实现为项目，然后再和其他人分享。

考虑到 Scratch 线上社区里不同受众的特点，围绕 Scratch 衍生的内容也日渐增多。ScratchEd 是为教育者专门开发的独立线上资源社区，支持故事分享、互动教育资源、线上讨论等功能。目前，ScratchEd 上的教育者资源覆盖幼儿园到大学全学段，内容类型包括教案、课程、评测、教材等，涉及的学科领域有数学、音乐、社会科学、视觉艺术等。

Scratch 主要面向 8 ~ 16 岁儿童，而 ScratchJr 则主要针对 5 ~ 7 岁低龄儿童。相比 Scratch，ScratchJr 以平板电脑为载体，编程模块的体积更大、素材库中的图片更多、拼插方式也更直接。ScratchJr 的界面示意图如下。

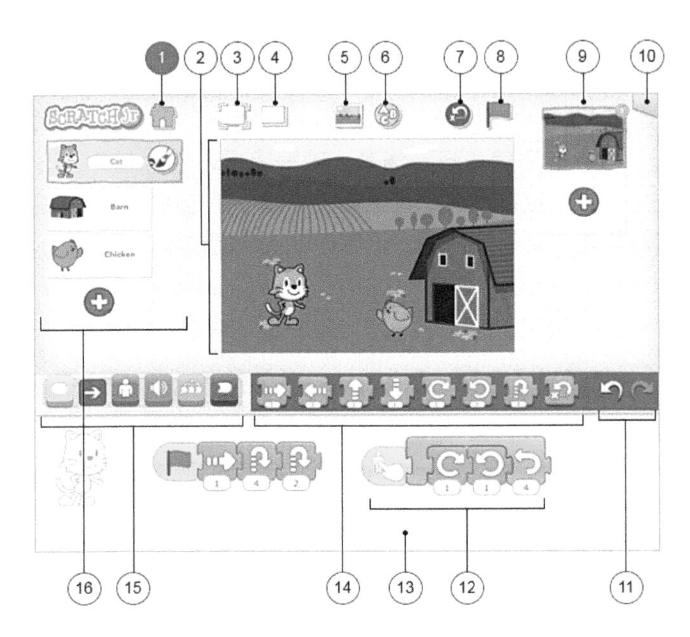

除了线上学习社区，Scratch 还在世界各地举办名为“Scratch Day”的线下交流活动。2017 年，全球举办了超过 1000 场 Scratch Day 活动。在各种社交媒体的 Scratch 社区和论坛，人们用各种语言记录着 Scratch Day 的编程、分享和游戏体验。

未来的世界充满了新鲜的事物。今天绝大多数的孩子，未来所从事的工作都离不开创造力和创造性。不管是什么年龄段的孩子，学习 Scratch 不仅能够培养他们的计算思维和创造能力，还能让他们和同龄人、老师和家长分享和沟通。Scratch 是孩子们走向未来的一个“创造力游乐场”。

第 4 课 十条建议

根据米切尔·雷斯尼克的创造性学习曲线，孩子的学习包括想象、创造、游戏、分享、反思……想象的一个递归的、螺旋式前进和上升的过程。Scratch 之父米切尔·雷斯尼克在他的《终身幼儿园》一书中，针对创造性学习曲线的不同阶段，给家长和老师提出的十条建议。如果你的孩子要学习 Scratch 编程，或者其他的少儿编程工具，又或者你是 Scratch 编程培训的老师，那么，这些建议将会对你很有帮助。本课针对这些建议，逐条说明并给出具体的分析和阐述。

4.1 给家长和老师的十条建议

建议 1 想象阶段——展示案例以激发孩子创意

在想象阶段，最重要的是要有创意，也就是西摩尔·帕普特所说的强大的创意（Powerful Idea），这是项目的开始。创意不是凭空而来，往往需要一定的思维意识的积累。

当孩子在学习 Scratch 的时候，你可以从教师课程中的视频案例、Scratch 网站或社区，或者相关的培训机构的微信公众号中，寻找一些优秀的项目和案例。通过将这些项目和案例展示给孩子，激发孩子的兴趣和创意。

建议 2 想象阶段——鼓励孩子们去“瞎捣鼓”

帮孩子们找到好的点子，最好的方法就是鼓励他们大胆地“瞎捣鼓”。创意不仅是从想象中得来的，很多时候，是动手的过程激发孩子产生了灵感。修修补补，摆摆弄弄的过程，表面看上去比较混乱，实际上则需要不断地对所发生的事情做出反应和调整，不断地重新评估目标，甚至要快速地迭代和构建原型。这就像是孩子玩乐高积木的过程。

乐高积木是特别为孩子发明设计的，为孩子们提供了新的想象、创造和分享的空间。孩子们使用乐高积木搭建房屋、塔楼、城堡、宇宙飞船以及各种动物和汽车，尤其是当他们自由发挥创意，动手摆弄或修补调整的时候，他们往往会产生很多新奇的想法。

Scratch 也特意地设计为鼓励捣鼓、摆弄和修补的风格，其图形化的积木块就像乐高积木一样，很容易拼接到一起，也很容易拆开。要想尝试一段 Scratch 代码，只需要单击它，它就会立即执行，根本不需要等待代码编译，这特别方便“瞎捣鼓”。

建议3 创造阶段——为孩子们提供多样化的原材料

给孩子提供各种各样的材料，让孩子涂鸦、搭建和动手实践。充足的、多种多样的原材料，才有可能激发“瞎捣鼓”的兴趣，进而产生创意和灵感。Scratch 网站本身已经提供了充足的背景库、角色库、造型库和声音库。但这些可能还不够，你应该为孩子提供尽可能多样化的、范围更广的素材，从而扩展他们的创造范围。材料越多样化，孩子做出创造性项目的机会就越大。

建议4 创造阶段——赞赏各种类型的创造

不同的孩子有不同的兴趣，有的喜欢用乐高积木搭建房子和城堡，有的喜欢用 Scratch 制作游戏和动画，有的喜欢用 Scratch 来编写故事情节，所有的这些都是创造。

要学会赞赏各种类型的创造，从每一种创造中，我们都可以看到孩子的创意和创造力。赞赏能够更好地鼓励孩子去尝试用各种工具、素材来创作，进而找到他自己最感兴趣的工具和方向。这种过程越深入，创造力的发挥就越神奇而有效。

建议5 游戏阶段——过程远比结果更重要

当孩子创作作品的过程中，最重要的是孩子在这个过程中的思考，而不是最终的结果。最好的学习经历，往往是孩子热情地投入到项目，积极参与创造的时候发生的。家长要主动问孩子，灵感是从何而来的，鼓励他们分享经验和策略。鼓励他们尝试，即使失败，也要给予表扬。和孩子积极讨论接下来打算做什么，为什么这么做？怎样做可能会更好？

建议6 游戏阶段——给予孩子足够的时间完成项目

当孩子投入到创造性的项目的时候，家长需要给予大量的时间。如果孩子按照我们期望的那样，不断地对项目修修补补、实验并探索新的想法，可能每次数十分钟是不够的。那种每周数十分钟的学习方式，反而会破坏他们关于项目的思路。不要让他们在规定的时间内完成项目。要放手给他们安排足够的时间，让他们有大块的时间投入其中。要坚信，这种时间投入带来的学习效果是惊人的！

建议7　分享阶段——充当协作者

在孩子进行项目的过程中，家长和老师是孩子首选的协作者。在项目制作的过程中，尤其是当孩子遇到问题或者困难，需要分享和讨论的时候，家长的积极参与是非常重要的。要找到一个能和孩子共同合作的方向或切入点，一起合作制作项目。在相互协作中，家长对孩子的能力会有一个全新的认识，亲子关系也会更加紧密。

建议8　分享阶段——帮助孩子和他人分享

很多孩子都喜欢和他人分享自己的项目和想法，并且期望和他人合作，但是他们却不知道如何分享。家长和老师要帮助孩子分享，要创造可以分享的条件。在分享的过程中，孩子会得到充分的锻炼和成长。可以通过俱乐部、兴趣班或者夏令营等多种形式的活动，为孩子创造分享和协作的条件。也可以通过微信群等形式，分享给其他的家长，其他的老师和同学。

建议9　反思阶段——跟孩子分享自己的反思

很多家长和老师都不大愿意和孩子谈论自己的思考过程。但实际上，和孩子分享你的想法，是你能够给孩子的最好的礼物了。无论大人还是小孩，思考都是一件不容易的事情，让孩子们知道你关于项目的思考和解决问题的思路是非常有好处的。孩子听见了你的反思，就会更加积极主动地反思他自己的想法。

建议10　反思阶段——真诚地提问，促使孩子反思

投入地完成项目固然重要，然而，让孩子反思整个项目的步骤也同样重要。家长可以通过提出以下问题来促进孩子们反思——你是怎么想到这个项目的？这个问题促使孩子们反思到底什么促动和鼓舞了他们。还有一个好问题，就是最让你惊奇的是什么？这个问题可以让他们不仅仅是描述自己的项目而且能够反思自己的创作经历。在这种反思和复盘的过程中，往往不需要家长和老师提供任何进一步的信息，孩子们就能够主动地发现问题所在。

4.2 给本书读者的十条建议

我们在写作本书的过程中，对于每一课讨论主题的选取，内容难度的设定，素材的取舍等都进行了较为细致的考虑和衡量。作者在这里给出如下的十条建议，以便于读者通过阅读本书获取最大的价值，取得更好的学习效果。

建议1 按照顺序阅读，由简入难

本书的主题内容编排上，做了精心的设计。基本上按照知识预备、积木应用技能介绍和完整应用案例展示的顺序和框架来安排。建议读者按照顺序，由简到难地阅读。另外，在阅读技能篇，学习积木的功能和用法的时候，建议也按照每课设定的顺序，从易到难，逐步阅读。这比较符合学习和认知的规律，阅读和学习起来也会事半功倍。

建议2 用好本书的案例文件和素材

本书准备了大大小小、丰富多彩、形式多样的案例。要用好本书，首先要下载和用好这些案例程序。大部分案例使用的背景、造型、角色、音乐等，都是Scratch 3.0自带的库文件，少数需要额外导入的素材，也都提供了下载。充分使用好这些素材，你才能较好地理解和完成项目示例。关键的一点是，要尝试使用自己的创意，用自己的素材去替换这些素材。

建议3 做中学

做中学是建构认知理论的关键。学习和掌握一种工具的最好的方法，就是去使用它。读者一定要尝试动手构建本书案例中的项目，或者是动手实现自己构思的项目，这样才能真正学会和掌握 Scratch 编程。

建议4 多思考，多尝试

Scratch 鼓励用户“瞎捣鼓”。只有多思考，多尝试，才可能学到或收获更多。本书并不止步于讲解每一类积木和介绍每一个项目案例，而是将思考和进一步拓展每一个案例的机会留给了读者。“想一想，试一试”部分提出了具体的、有针对性的问题。很多项目案例，从 1.0 版到 2.0 版、3.0 版，不断迭代和演变，带领读者拓展思维。在附录部分，我们针对每一章的“想一想，试一试”，给出了提示和解答，可供读者学习参考。

建议5 找到自己最感兴趣的表达方式

兴趣是最好的老师。人们往往愿意在自己感兴趣的事情上投入更多的时间和精力。Scratch 的“宽墙壁”设计原则，决定了其项目的多样性，涵盖了游戏、动画、故事、贺卡等多种类型。建议读者找到自己最感兴趣的项目类型，然后刻意学习这种项目，进而开发出属于自己的该类型项目甚至是工作室。一旦形成自己的风格，就能够带来更多的粉丝和互动，产生巨大的成就感和认知度。

建议6 观看Scratch网站的视频教程

Scratch 3.0 网站的一个显著的改进，是增加了很多入门的视频教程。这些视频教程用浅显易懂的方式介绍了 Scratch 3.0 能够做什么以及怎样做，这不仅向用户普及了知识，从一定程度上，还启发了用户的想象和创意。建议在阅读本书之前，或者在阅读本书的过程中，浏览一下这些视频教程。本书的一些示例是按照配合视频教程的思路来开发和拓展的。配合这些视频教程来阅读和学习本书，读者将会有更深的体会和更大的收获。

建议7 如果没什么想法，就先“瞎捣鼓”

Scratch 在设计之初，就着重强调用户的创意，并且鼓励用户去尝试。如果对于设计或创造什么还没有好的想法，那么，你不妨先“瞎捣鼓”。Scratch 3.0 在添加背景、角色、造型和声音等功能菜单中，都有一个随机选项，可以随机地添加一个对象。当你的创意枯竭的时候，不妨尝试一下。

建议8 学习其他优秀的案例和项目

除了随机地捣鼓，还有一种获得启发的方法，那就是多参考和学习其他的优秀案例和项目。Scratch 网站上就有很多“精选项目”。你也可以通过搜索工作室，来查找其他用户的一些优秀的作品。当然，还有很多其他的方法能够看到优秀的案例，例如浏览网站论坛、访问微信公众号等。

建议9 与朋友一起学习和探讨

和身边的朋友一起学习和探讨，你可以分享自己的项目，也可以快速学到别人的优点。还可以通过 Scratch 的“分享”按钮来分享你的项目，让任何人都能看到你的项目，发表评论，甚至修改和使用它们。

建议10 遇到困难联系作者

在阅读本书或者学习 Scratch 的过程中，如果遇到困难或者问题，可以通过微信公众号或者邮件联系本书作者。当然，你也可以请教身边其他的老师或者专家。总之，你可以通过寻求各种帮助来解决自己遇到的问题。

第 2 篇

技能篇

第 5 课　初识 Scratch 3.0

Scratch 3.0 由麻省理工学院的媒体实验室终生幼儿园团队设计并制作，是专门为青少年研制的一种可视化编程语言。编写 Scratch 3.0 代码，实际上就是将多个积木（也叫作功能块或模块）组合在一起，实现想要达成的目标。

5.1　Scratch网站

通过 Scratch 3.0 编程，我们可以创作自己的故事、游戏和动画。要想使用 Scratch 3.0 编程，首先要访问 Scratch 的官方网站，第一次打开后的页面如下图所示。

在页面顶端有一行菜单。如果点击“创建”，则会打开 Scratch 3.0 的在线编辑器，我们就可以开始创作自己的项目、进行编程等等。注意，点击页面中部的“开始创作”按钮，也会起到同样的效果。如果点击页面顶部的“发现”，则会开始浏览 Scratch 3.0 网站上保存的项目。点击“创意”则会打开 Scratch 网站所提供的一系列视频教程，可以帮助初学者快速了解和掌握 Scratch。点击“关于”，会打开关于 Scratch 软件的介绍，有分别针对家长和教师等不同人群的说明。点击右上方的“加入 Scratch 社区"，这可以创建账号或者使用已有的账号登录到 Scratch 社区。最右方的"登录"按钮，用来直接通过已有的用户账号登录。

我们先通过"创建"菜单或者页面上的"开始创作"按钮，进入 Scratch 3.0 编辑器。编辑器页面的正中央，是一个简短的 52 秒的视频教程，说明了用 Scratch 能够做什么，简单介绍了如何使用 Scratch。

你可以点击播放，观看这个视频。看完这个视频，可以点击右边的按钮，继续观看下一个相关的视频，或者点击上面的"关闭"按钮以关闭视频，直接开始动手尝试。

注意编辑器左上方的菜单项中，有一个按钮，点击其右边的小三角，可以打开一个语言菜单项，从中可以选择编辑器界面所采用的语言。一共有近 50 种语言可供选择，可见 Scratch 3.0 在全世界有多么流行！当第一次访问 Scratch 3.0 在线版的时候，记住，首先通过这个语言菜单选择"简体中文"。

5.2 Scratch 的环境搭建

5.2.1 创建 Scratch 社区用户

Scratch 支持在线和离线两种编程方式。在在线方式下，不需要单独安装软件，直接进入 Scratch 的官方网站，输入用户名和密码登录后，即可使用。但是，要使用在线方式，我们需要注册一个 Scratch 的登录账户。点击首页右上角的“加入 Scratch 社区”的按钮；注意，也可以先点击“创建”按钮，打开 Scratch 3.0 编辑器，然后点击编辑器右上角的“加入 Scratch”按钮进行注册。

将会弹出一个“加入 Scratch”的界面。在“选一个 Scratch 用户名称”文本框中输入想要注册的用户名，在“选一个密码”文本框中输入想要设置的密码，在“确认密码”文本框中再次输入完全相同的密码。

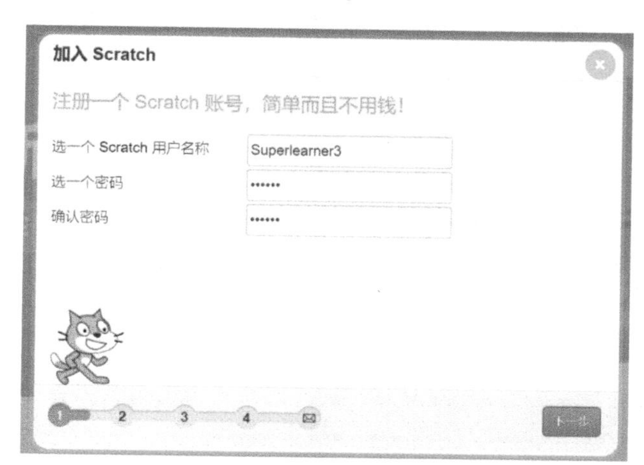

需要注意的是，如果你想要注册的用户名已被别人注册过，那么界面上会提示“很抱歉，这个名称已经被使用”。这种情况下，你需要换一个用户名来注册。你可以尝试在想要注册的用户名后增加数字或字母。另外，还需要注意的是，用户名称不能是中文的，只能包含英文字母、数字、符号、- 和 _。

点击“下一步”按钮，选择“出生年和月”“性别”和等信息，然后点击“下一步”按钮。接下来需要在“你的监护人的信箱”的文本框中输入你自己或家长的邮箱的地址，并且在“确认信箱地址”的文本框中再次输入同样的邮箱。如果愿意接收来自 Scratch 团队的更新通知，勾选下方的复选框。

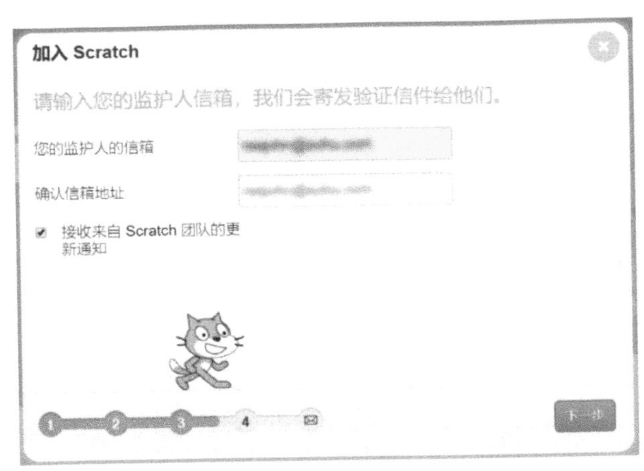

再点击“下一步”按钮，我们就成功创建了账户。

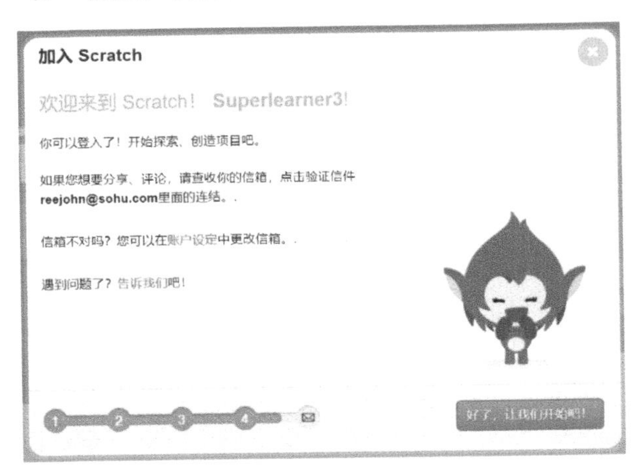

点击下方的“好了，让我们开始吧”按钮，就可以用该账户登录 Scratch 了。

为了更好地获取资源和共享我们的编程成果，本书主要以在线的方式来介绍 Scratch 编程。为了方便不能随时上网的读者，下面我们来介绍一下离线安装的方式。

5.2.2 Scratch的离线安装

Scratch 也支持离线方式，也就是在没有连接互联网的时候，同样可以使用 Scratch 来编写程序。不过对于离线方式，需要先下载和安装相应的软件后，才可以使用。

打开 Scratch 的官网，在页面底端的“支持”类别中选择“离线编辑器”。

Scratch 3.0 离线编辑器支持 Windows 10 和 macOS。我们将以 Windows 为例，介绍安装步骤，先在“选择操作系统”处点击选中 Windows 图标。

Scratch 3.0 的一个重要的修改是不再基于 Adobe Flash 技术，因此，离线版也不再像以前的版本一样，先要下载 Adobe AIR。在这个页面的下方，有两张图说明了下载安装的步骤，下载和安装过程变得非常简单！

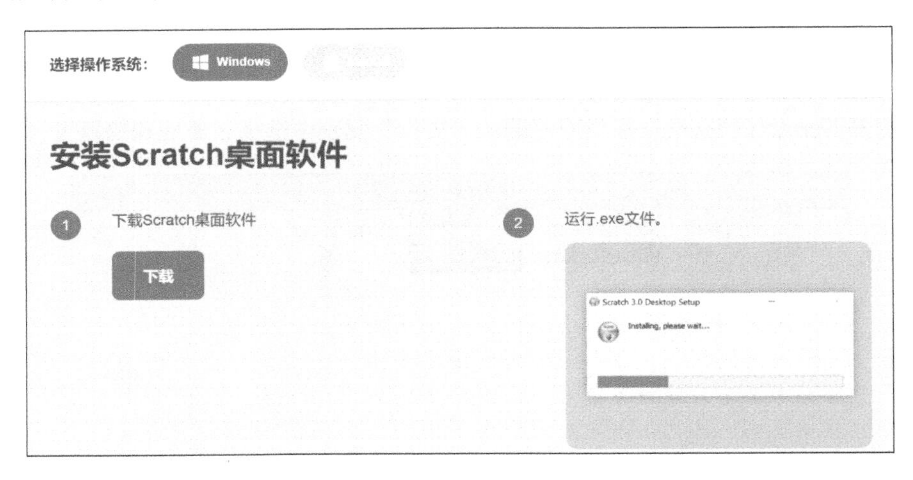

直接点击“下载”按钮，就可以开始下载，（在作者写作本书时）下载后得到的文件是 Scratch Desktop Setup 1.2.0。只需要双击该文件，就可以开始安装 Scratch 3.0 离线版。

安装完之后，桌面上会出现一个图标。只要点击该图标，就可以打开 Scratch 3.0 离线版编辑器，如下图所示。注意，Scratch 3.0 离线版改变了名称，叫作“Scratch Desktop”（Scratch 桌面版），它使用的是全新的 Scratch 3.0 的功能界面。

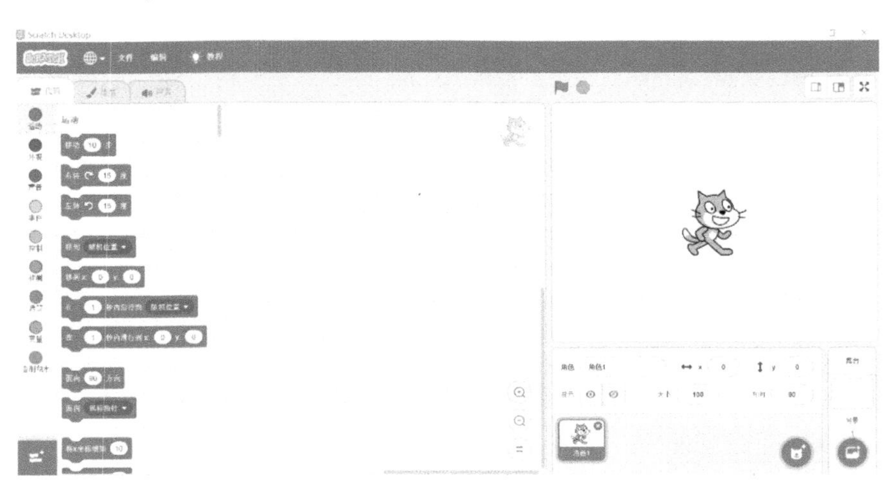

现在，我们完成了离线版本的安装，即使没有连上互联网，同样也可以编写 Scratch 程序了。

5.3 项目编辑器介绍

不管是在线使用还是离线使用 Scratch，项目编辑器都是我们必不可少的工作平台和操作界面。那让我们先来认识和熟悉一下它吧！

使用刚刚注册的账户登录 Scratch 网站。点击页面上方的“创建”按钮，如下图所示。

系统会自动创建一个新的项目。Scratch 3.0 的项目编辑器分为 5 个区域，分别是菜单栏、操控区、代码区、舞台区和角色列表区，如下图所示。

顶部是菜单栏，包括语言、文件、编辑、教程、加入 Scratch 和登录等菜单和功能选项。最左边的一列是操控区（也就是项目编辑区），由 3 个标签页组成，分别用来为角色添加代码、造型和声音，也可以设置和操作舞台背景；对代码、角色、背景、声音等的主要操控都是在这里完成的。中间比较大的空白区域，是代码区（也可以叫作脚本区），可以用来针对背景、角色编写积木代码，操控区的 9 个大类、100 多个积木都可以拖放到代码区进行编程。右上方为舞台区，这里呈现程序的执行效果。右下方是角色列表区，这里会列出所用到的角色缩略图以及舞台背景缩略图。

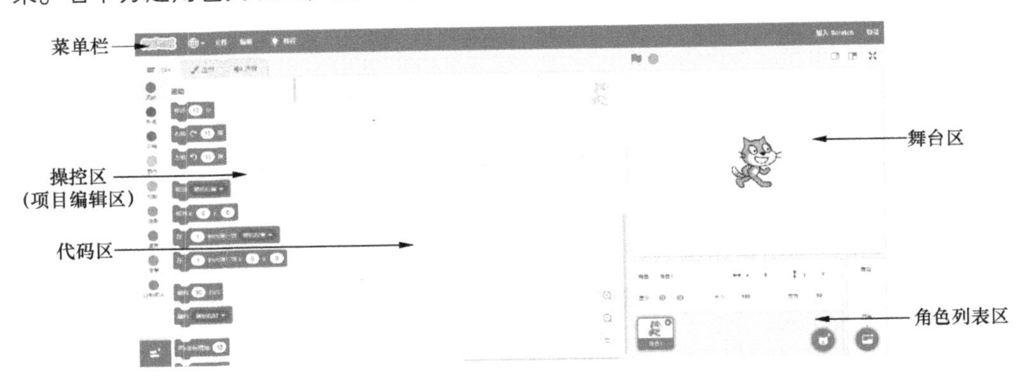

5.3.1 舞台区

项目编辑器界面的右上方是舞台区，该区域会显示程序执行的结果。左上方的绿色旗帜按钮是程序启动按钮，点击它开始执行程序；左上方红色按钮是停止按钮，点击它可以停止程序运行。在区域的右上角是全屏按钮，点击它，舞台会扩展为全屏。在全屏模式下，舞台区的右上角会出现按钮，点击它可以退出全屏模式。

在编辑器默认的布局中，舞台区占有较大的面积。点击舞台区的右上方的按钮，可以使用缩略布局样式，改变舞台区和角色列表区的布局，从而使得代码区占据更大的操作空间，以便于编程，如下图所示。

在缩略布局样式下，点击舞台区右上方的按钮，编辑器将返回到默认的布局样式。用户可以根据自己的具体需求，通过这两个按钮，对编辑器的布局进行调整。

5.3.2 角色列表区

项目编辑器界面的右下方是角色列表区，包含舞台背景和角色两部分内容，也有默认布局和缩略布局两种布局样式。左下方是角色列表区，显示了程序中的不同的角色；右边是舞台背景列表区，显示了程序中使用的舞台背景的信息。最上方是信息区，当选中角色或者舞台背景的时候，该区域会显示所选中的角色或背景的名称、坐标、显示或隐藏、大小、方向等信息。

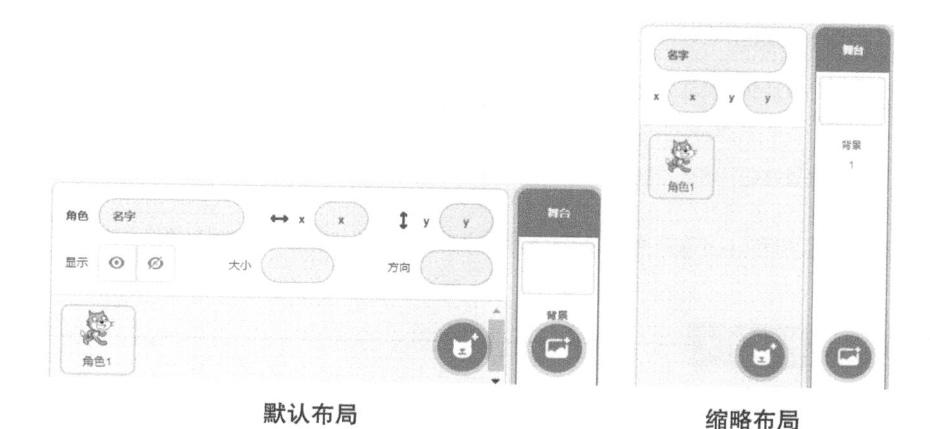

默认布局　　缩略布局

这个区域有两个非常醒目的动态弹出式按钮，分别是角色按钮和背景按钮。

直接单击角色按钮，可以从角色库中选择需要的角色。如果只是把鼠标光标放在该按钮上，则会弹出 4 个新的菜单式的角色按钮，分别代表 4 种不同的新增角色的方式，如表 5.1 所示。

表5.1　角色按钮的弹出菜单

按钮	功能
	单击该按钮，可以将素材从本地作为角色导入到项目中
	单击该按钮，将会随机导入一个角色。当你创意枯竭的时候，不妨通过点击这个按钮获得一点启发
	单击该按钮，将会在操控区的“造型”标签页下，打开内置的绘图编辑器，自行绘制角色造型
	单击该按钮，和直接单击按钮的效果是相同的，即从背景库中选择需要的角色

直接单击背景按钮，可以从背景库中选择需要的背景。如果只是把鼠标光标放在该按钮上，则会弹出 4 个新的菜单式的背景按钮，分别代表 4 种不同的新增背景的方式，如表 5.2 所示。

表5.2　背景按钮的弹出菜单

按钮	功能
	单击该按钮，可以将素材从本地作为背景导入到项目中
	单击该按钮，将会随机导入一个背景。当你创意枯竭的时候，不妨通过点击这个按钮获得一点启发
	单击该按钮，将会在操控区的“背景”标签页下，打开内置的绘图编辑器，自行绘制背景
	单击该按钮，和直接单击按钮的效果是相同的，即从背景库中选择想要使用的背景

5.3.3 操控区

编辑器的最左边的区域是操控区（也可以叫作指令区或项目编辑区），如下图所示。操控区的“代码”标签页中，提供了“运动”“外观”“声音”“事件”“控制”“侦测”“运算”“变量”和“自制积木”9个大类、100多个积木供我们使用。这些不同类型的积木，使用不同的颜色表示。我们可以拖放这些积木到脚本区，组合成各种形式，从而完成想要实现的程序。

在“代码”标签页中，可以将操控区中的积木拖放到脚本区，为角色指定要执行的动作。

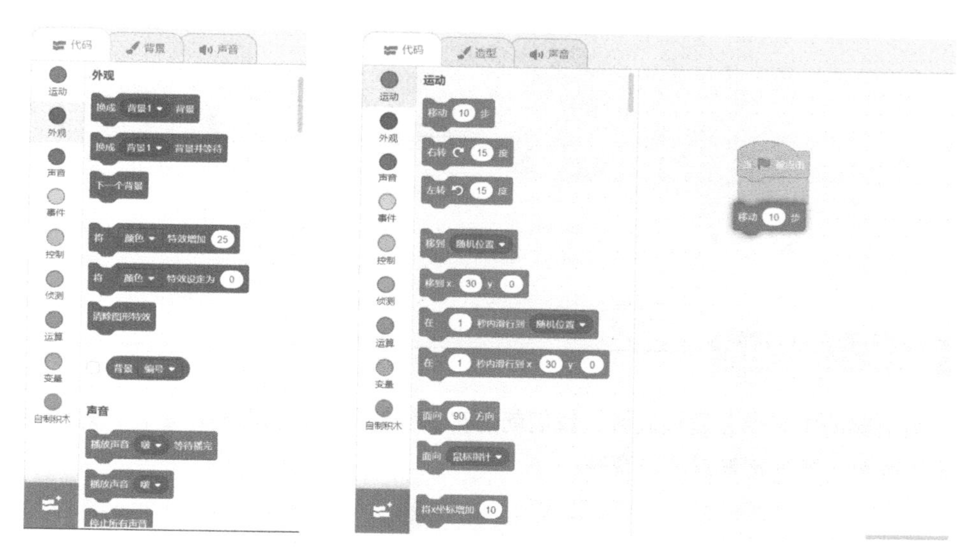

在“造型”标签页，可以定义该角色用到的所有造型。

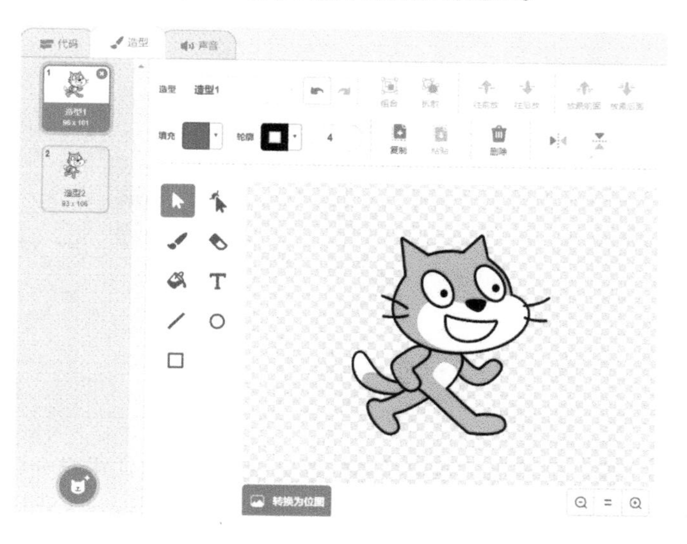

在“声音”标签页，我们可以采用声音库中的文件、录制新的声音或导入已有声音，来为角色添加声音效果。

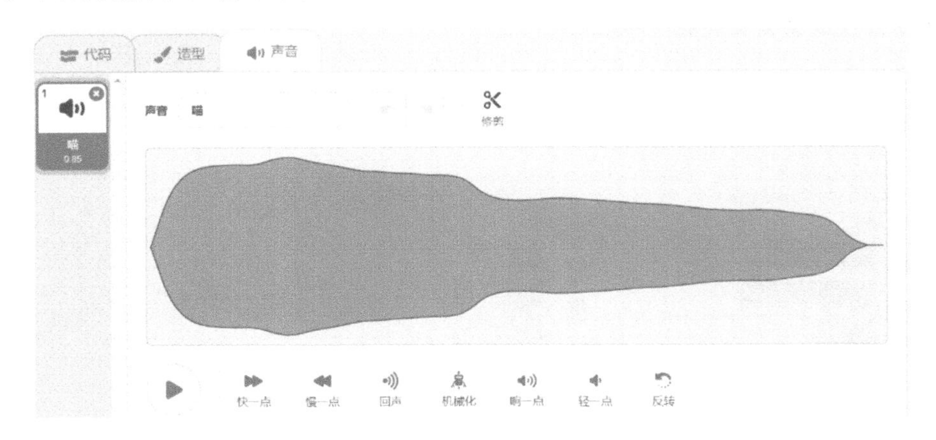

5.3.4 代码区

编辑器的中间部分是代码区，我们就是在这里对积木进行各种组合，使用和操控角色的造型、舞台背景以及声音等。

代码区的右上角，显示出了当前角色的缩略图，这可以让用户一目了然当前是在对哪个角色编程。代码区的右下角竖排的 3 个按钮，分别可以放大代码视图、缩小代

码视图和居中对齐代码。注意，当代码较多，超出了代码区的范围的时候，可以拖动下方和右方的滚动条来查看更广的工作区域内的代码。当我们在代码区工作的时候，可以根据自己的需要，灵活布局和滚动查看代码。

在代码区的任意空白区域点击鼠标右键，会弹出一个菜单，可以对积木进行“撤销”“重做”“整理积木”“添加注释”“删除积木”等一系列操作。

5.3.5 绘图编辑器

接下来，我们来认识一下 Scratch 3.0 内置的绘图编辑器。

点击 Scratch 3.0 项目编辑器左上角的“造型”标签页，就会打开绘图编辑器，在这里可以手工绘制新的角色。

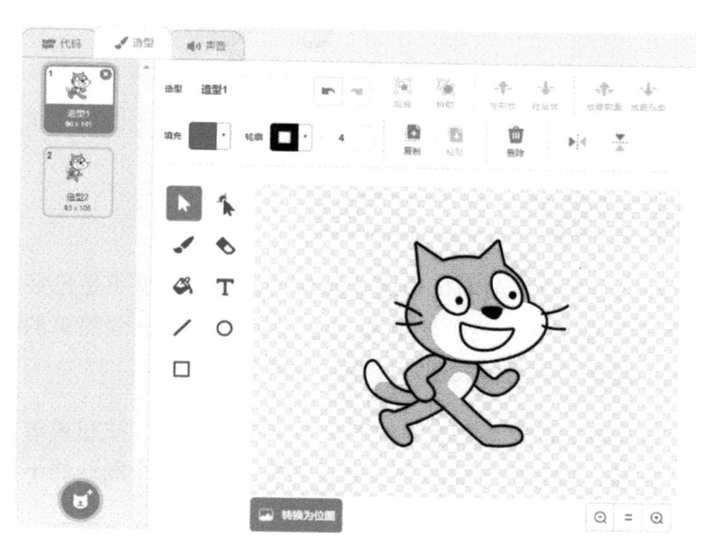

上图中，右边就是 Scratch 3.0 的内置绘图编辑器，它提供了绘制和修改图像以用做角色和背景的所有功能。绘图编辑器有两种运行模式：位图模式和矢量图模式。默认情况下，绘图编辑器处于矢量图模式，我们可以单击左下角的转换按钮在这两种模式之间切换。

矢量图与分辨率无关，可以将它缩放到任意大小和以任意分辨率在输出设备上打印出来，并且不会影响清晰度。

位图编辑器如下图所示。位图与分辨率有关，即在一定面积的图像上包含有固定数量的像素。因此，如果在屏幕上以较大的倍数放大显示图像，或以过低的分辨率打印，位图图像就会出现锯齿边缘。

5.3.6 让小猫动起来和叫起来

熟悉了 Scratch 3.0 网站和项目编辑区的各个部分，你是不是已经迫不及待地想要动手操作一番了？接下来，我们就用 Scratch 3.0 来编写一个简单的程序，让我们的主角——小猫动起来，并且能发出“喵喵”的声音。

首先，从 Scratch 3.0 网站左上方的菜单中点击“创建”按钮或者点击页面中间的“开始创作”按钮，打开项目编辑器。会看到舞台上有一个默认的小猫角色。

第1步 从“代码”标签页下的“运动”类积木中，把 移动 10 步 这个积木拖放到代码区，此时，如果用鼠标点击代码区的这个积木块，会看到舞台上的小猫会向前移动 10 步。

第2步 我们再来看看“声音”类的积木。从“声音”类积木中，拖动 播放声音 喵 等待播完 积木块，将其放到 移动 10 步 下方。此时会注意到，移动 10 步 下方的突起和 播放声音 喵 等待播完 上方的凹进会自动地组合到一起，形成一个积木块组合。此时，如果点击代码区的这个积木块组合，会看到舞台上的小猫会移动 10 步并发出“喵”的声音。

第 3 步 那么，我们应该在什么时候开始执行这个积木组合，让小猫动起来并叫出声呢？这就需要在这个积木块组合的上方放置一个“事件”积木来启动积木块。从“事件”类积木中，把当 被点击拖动到代码区中，放到之前的组合积木块的上方。完成后的代码如下图所示。

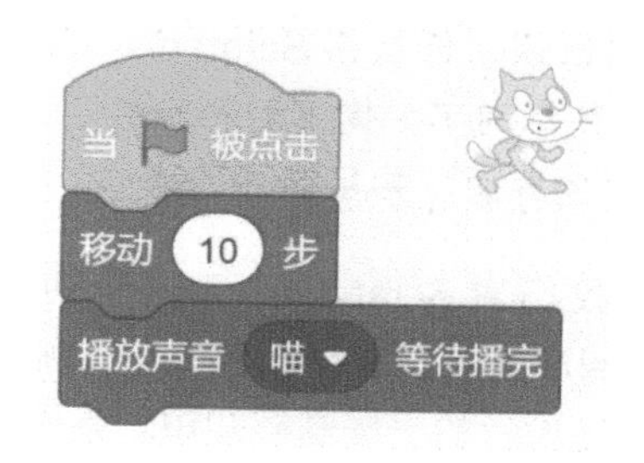

此时，如果我们点击舞台区左上方的按钮，这段代码就会开始执行，小猫就会动起来并发出叫声。在程序执行过程中，任何时候，当我们点击舞台区左上方的按钮的时候，程序就会停止执行并退出。

到这里，我们的第一个小程序就编写好了，简单吧！在这个简短的一课中，你已经初步体会到 Scratch 编程的乐趣了吧！在下一课中，我们将简单了解一下 Scratch 编程要用到的一些概念，以及一些程序设计的基础知识，然后，就可以朝着开发趣味程序和游戏的目标进发了。

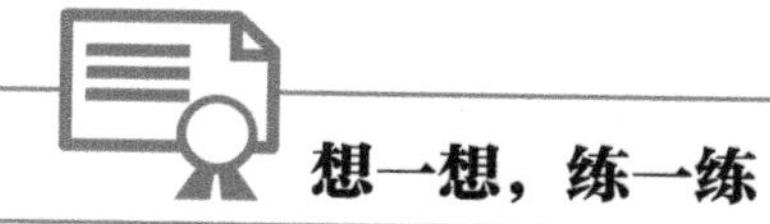

想一想，练一练

1. 调整一下移动 10 步和播放声音 喵 等待播完的顺序，会发生什么情况？

2. 如果不想使用默认的小猫角色，而是想添加另一个新的角色作为故事的主角，该怎么操作呢？

第 6 课 Scratch 编程预备知识

在第 5 课中，我们已经认识了什么是 Scratch，了解了如何在 Scratch 3.0 网站注册以使用在线方式编程，还学习了如何下载和安装 Scratch 3.0 离线版。我们还熟悉了 Scratch 3.0 项目编辑器的界面，并且编写了第一个简单的小程序。

通过第 5 课的学习，我们对 Scratch 有了一些初步的认识，但是要开始用 Scratch 编程，还需要做一些准备。在这个简短的一课中，我们来介绍一下 Scratch 中的一些基本概念，以及程序设计的一些基础知识。具备了这些知识，我们就可以开始动手用 Scratch 编写程序了。

6.1 Scratch 基本概念

学习了第 5 课，你一定对一些新鲜的名词应接不暇了。什么是“角色”，什么又是“造型”呢？那个可爱的小猫咪是干什么用的呢？本节将一一解开你的这些疑惑。别着急，我们一个一个来介绍吧！

6.1.1 角色

相信你一定看过电影或者电视剧，里面总是有很多的角色。在 Scratch 3.0 中，角色（Sprite）就像是电影或电视剧里的演员所扮演的角色。我们所编写的程序，总是要通过角色来做出动作，发出声音，或者完成一项任务。这就好像再好的剧本也要由演员来表演一样。

Scratch 3.0 中有一个默认的角色，就是一只可爱的小猫咪。我们当然可让这只小猫做很多的事情，例如，移动，发出“喵喵”的声音，执行动画等。

但是，很多时候，在我们编写的程序中，都需要加入自己的角色来做特定的事情，这时候就要忍痛割爱，删除掉小猫咪这个角色了。

小贴士

要把默认的“小猫”角色删除掉，只要选中“小猫”角色，点击右键，在菜单中选择“删除”。也可以点击小猫角色缩略图右上方的小“×”按钮，直接删除掉该角色。

在本书后面，我们经常要用到这个操作。当你看到“把默认的‘小猫’角色删除”这句话的时候，就应该知道怎么做了。

我们还可以根据需要，对角色进行各种操作，包括添加角色、绘制角色等等，这些都可以通过角色列表区的“角色”标签页来实现，请参考5.3.2节“角色列表区”。

克隆

克隆的英文是Clone，意思是完全复制一样的东西。在游戏编程中，我们经常需要相同角色的多个不同的副本，这些副本都表现出相同的行为方式。例如，要表现下雨，天空中会落下无数多个相同的雨点；要制作大鱼吃小鱼的游戏，会有多只小鱼以相似的方式游来游去，并且在碰到大鱼的时候被吃掉。

克隆是一项重要的功能，我们可以为任何角色生成一个完全相同的副本，从而大大地简化程序开发过程。

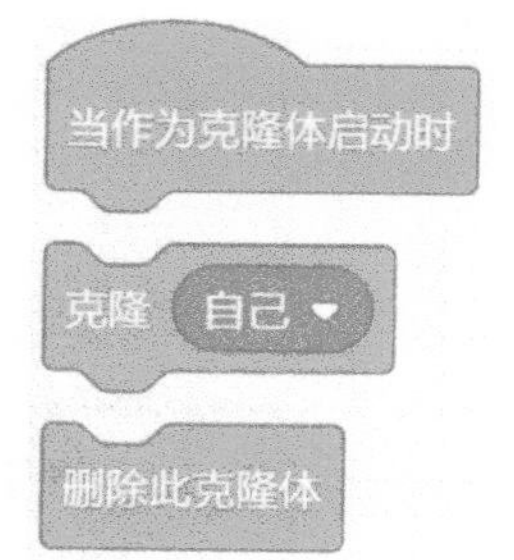

在“控制”类的积木中，如下的3个积木用来创建、删除和启动克隆体。这3个积木的简要说明，可以参见本书附录；其具体用法，可以参见本书后面游戏案例中相关章节的介绍。

6.1.2 造型

电影中的同一个角色经常会以不同的装扮和形象而出现，并且在某一个特定的场合或者条件下，往往还保持同一种装扮和形象。造型（Costume）就是角色的装扮和形象。一个角色可以有多个造型，在不同的条件下，角色可以切换为不同的造型，由此表现出角色的动作、动画或者状态变化等。

例如，右图所示是一个小猫的角色，它有两个造型，一个是“走路”造型，表示角色一般的行走状态；另一个是“奔跑”造型，表示角色跑步向前的状态。通过代码，我们让小猫角色在两个造型之间切换，从而实现小猫跑步的动作和动画。

我们可以看到，在每个造型左边有一个数字，这是造型的编号，小猫的“走路”造型的编号是 1，“奔跑”造型的编号是 2。这个编号可以在程序中使用，例如用这个编号来判断当前的造型是什么，从而确定角色的状态是什么。

6.1.3 背景

电影中的人物角色出现的时候，往往会有不同的场景。在 Scratch 3.0 中，背景就像是电影中场景。当角色在舞台上出现的时候，背景是衬托在最底层的图像式场景。我们可以给舞台分配一个或多个背景，从而在应用程序的执行过程中改变舞台的外观。

例如，下图就是一个表示太空的背景。

默认情况下，所有的 Scratch 3.0 应用程序都会分配到一个空白的背景。可以点击位于编辑器右下方的“舞台”工作区的“背景”图标，从弹出的 4 个图标中选取，来添加一个新的背景，详细介绍请参阅 5.3.2 节“角色列表区”。

通过点击位于 Scratch 3.0 项目编辑器左上方的“背景”标签页，我们也可以为 Scratch 3.0 项目添加、编辑和删除背景。

6.1.4 声音

在游戏中，常常需要通过背景音乐来烘托一种氛围，或者通过某种音效来表达一种游戏状态，在 Scratch 中，这些都需要通过声音来实现 。在阅读本书后面的章节的时候，你会发现，很多游戏程序都使用了大量的声音效果，来表现游戏中不同的事件和状态，或者对玩家起到某种提示的作用。

在下图中，我们可以看到小猫角色有一个“喵”的声音，这表示它的叫声。

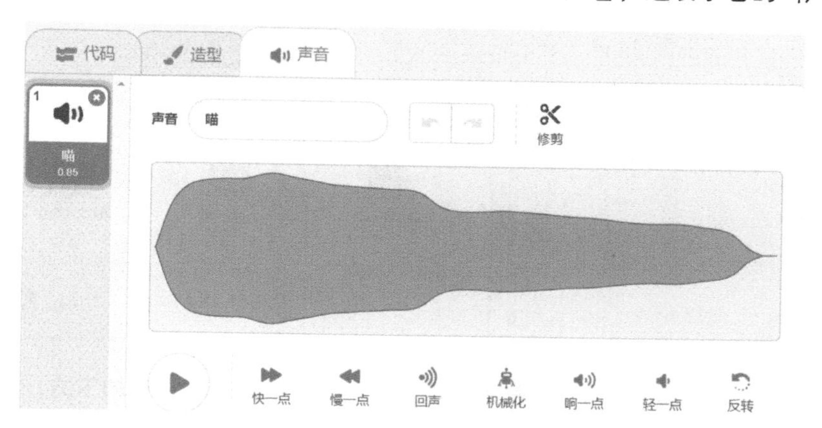

掌握声音的用法，并且灵活地运用，我们才有可能编写出生动的、吸引人的 Scratch 程序。在 Scratch 3.0 中，可以通过项目编辑器左上方的“声音”标签页来添加声音、录制声音或者上传本地声音。

6.1.5 积木

你一定玩过乐高积木吧！很多小小的积木块，搭建在一起，组成各种各样的人物、场景和工具等等。Scratch 3.0 采用了同样的思路，用一个个的积木（block，又叫作功能块或模块）组合成程序代码。

Scratch 3.0 提供了 9 个大类、100 多个积木供我们使用。不同的积木类别以不同的颜色来显示，非常便于识别和区分。这些积木可以实现运动、控制、运算，表示外观、声音，进行侦测、绘图，操作数据等等。总之，程序的功能就是通过这些积木组合实现的，而使用 Scratch 3.0 编程，实际上就是按照一定的程序逻辑把各种类别的积木组合成一段一段的代码。

如果 Scratch 3.0 提供的现成的积木还不够用，你还可以根据自己的需要自制积木，以完成特定的任务。在 Scratch 3.0 中，在“代码”标签页下，选择最下方的“自制积木”分类，点击“制作新的积木”按钮，将会弹出一个“制作新的积木”窗口，在其中的“积木名称”框中输入新建的积木的名称即可。这里，我们创建一个名为“我的积木”的自制积木作为例子。

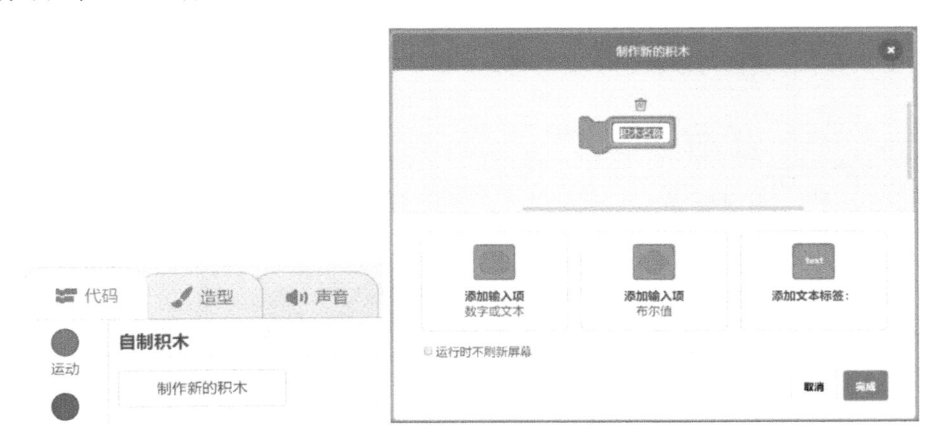

给新建的积木命名之后，它就会出现在“制作新的积木”按钮的下方，同时在代码区域出现了一个名为“定义 ×××”的积木。在该积木的下方，我们可以编写一段代码，来定义新建的积木所要实现的功能或完成的任务。定义好这个新积木之后，以后编写代码的时候，就可以像使用其他已有的积木一样，直接使用它了。

6.1.6 代码

代码（Script 或 Code）是通过搭建积木而组成的集合。不同类型的积木组合，构成了控制角色运行的编程逻辑，也就是代码。在 Scratch 3.0 中，从项目编辑器左上方的“代码”标签页就可以编写或查看代码。

通过项目编辑器顶部中央的“代码”标签页，可以访问 9 大类别的积木，并且，我们在编辑器中间的代码区中组合这些积木来构成代码，如下图所示。

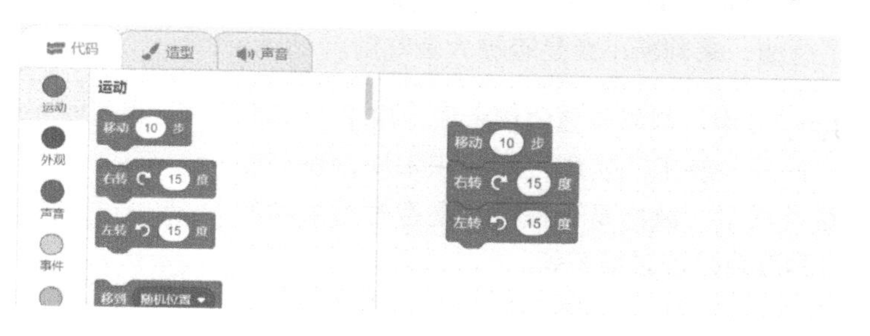

6.1.7 坐标

在 Scratch 3.0 中，舞台具有 480 个单位的宽度和 360 个单位的高度。可以使用 *X* 坐标和 *Y* 坐标组成的一个坐标系统，将舞台映射为一个逻辑网格。*X* 轴的坐标从 –240 到 240，而 *Y* 轴的坐标从 –180 到 180 。舞台的中央的坐标位置是（0, 0），如下图所示。

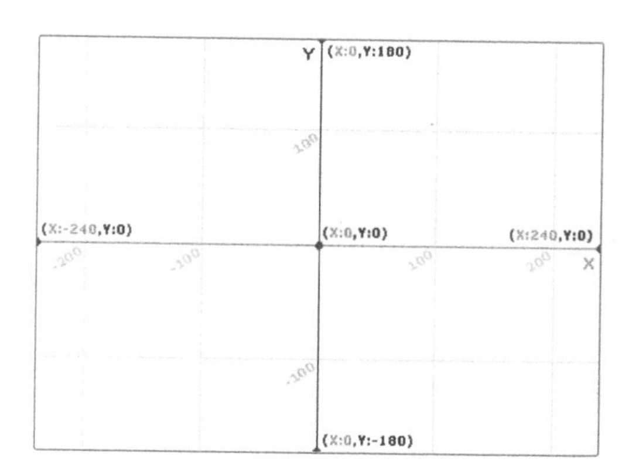

坐标的概念非常重要，在实际的编程中，当需要放置角色和移动角色的时候，我们经常需要计算坐标位置。在 Scratch 3.0 项目编辑器的右下方的区域，会显示出当

前角色的坐标位置。

6.1.8 碰撞

碰撞也是游戏中一个很重要的概念。游戏中的一些特定的情况的发生，都是通过侦测角色和角色之间是否发生碰撞来确定的。例如，在第 11 课中的“海底追赶”游戏中，我们通过海星角色是否碰到了章鱼，来判断是否需要让它变小并发出声音；在第 13 课中的“大鱼吃小鱼”游戏中，我们通过侦测大鱼嘴巴的黑色是否和小鱼身体的红色发生了碰撞，来判断小鱼是否被大鱼吃到。

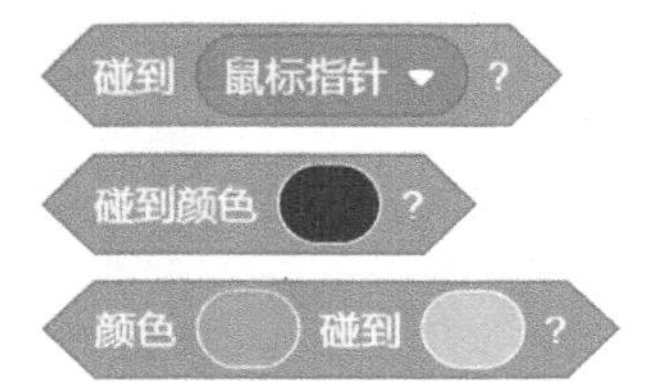

在 Scratch 3.0 中，判断碰撞的积木块，属于“侦测”类的积木块。此外，使用“侦测”类的积木块，还可以判断空格键是否按下、鼠标是否按下、是否碰到某种颜色、物体的两种颜色是否碰撞等等。

6.1.9 如何让程序开始执行

当我们编写完一个程序的时候，如何开始运行它呢？每一个程序，都应该有一个执行的入口，也就是程序开始执行的地方。

Scratch 3.0 程序的执行入口就是代码中的 当 🏴 被点击 这个积木。当我们编写好程序，要运行并测试的时候，只需要点击项目编辑器右上方的🏴按钮，程序就会从上述的这个积木开始执行。在程序执行过程中，任何时候，当我们点击项目编辑器右上方的●按钮的时候，程序就会停止执行并退出。我们还可以点击标题栏项目编辑器右上角的 ⛶ 按钮，从而以全屏模式来执行程序；并且可以在全屏模式下点击右上角的 ⛶ 按钮，来退出全屏模式，恢复正常的显示模式。

6.2 程序设计的基本概念

上一节中，我们了解了 Scratch 3.0 中的一些基本概念。在本节中，我们来学习程序设计中的一些基本概念。这些概念不仅在 Scratch 3.0 中有用，在其他的程序设计语言中，我们也会碰到类似的概念和用法。因此，花点时间来学习这些知识，对于我们将来掌握其他的编程语言，也是很有帮助的。

6.2.1 变量

变量就像是一个用来装东西的盒子，我们可以把要存储的东西放在这个盒子里面，再给这个盒子起一个名字。那么，当我们需要用到盒子里的东西的时候，只要说出这个盒子的名字，就可以找到其中的东西了。我们还可以把盒子里的东西取出来，把其他的东西放进去。

就像下图所示的盒子，我们将这个盒子（变量）命名为 a，在其中放入数字 3。那么，以后就可以用 a 来引用这个变量，它的值就是 3。当我们把 3 从盒子中取出，放入另一个数字 15 的时候，如果此后再引用变量 a，它的值就变成 15 了。

在 Scratch 3.0 中，我们可以在“代码”标签页中的“变量”类积木中，点击“建立一个变量”按钮来创建变量。然后，就会弹出一个“新建变量”窗口，在这个窗口的“新变量名”中，需要给这个变量取一个名字，并且可以选择是让它“适用于所有角色”，还是“仅适用于当前的角色”，这决定了变量的适用范围（术语叫作用域）。给这个变量命名之后，点击“创建”按钮即可创建该变量。

新建变量

新变量名：

适用于所有角色　仅适用于当前角色

取消　确定

这时候，在“代码”标签页中，会出现用来控制和使用新建的变量的多个积木。Scratch 3.0 已经默认为我们创建了一个名为“我的变量”的变量，我们可以来看看这个变量的相关积木（当然，你也可以按照前面介绍的步骤，单独创建另一个新的变量）。注意第一个积木，如果选中“我的变量”前面的复选框，在舞台区就会显示出该变量的一个监视器（如下图右边所示）。

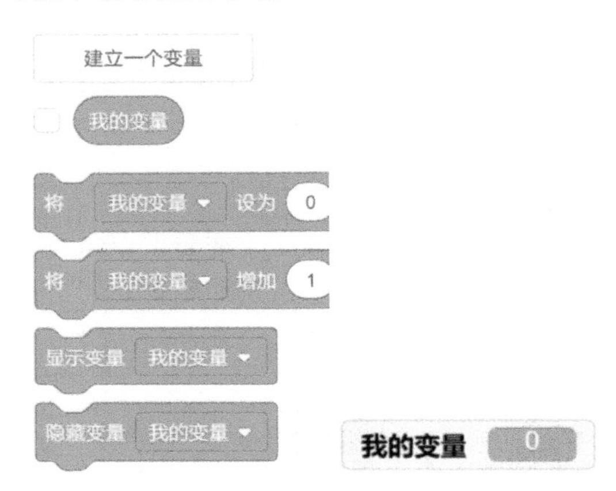

小贴士

在变量相关的一组积木中，第一个积木左边有一个复选框。这个复选框可以用来控制变量是显示的还是隐藏的，也就是让变量的监视器显示在舞台区还是隐藏起来。在创建变量的时候，这个复选框默认是未选中的。你可以尝试选中或取消掉这个复选框，观察一下舞台区的变化。

6.2.2 列表

列表的概念和变量有点类似。列表是具有同一个名字的一组变量。如果把变量当作是可以装东西的盒子，那么可以把列表当作是有一排抽屉的柜子，柜子的每一个抽屉，都相当于一个变量。

创建列表的步骤和创建变量也是相似的——在“代码”标签页中的“变量”类积木中，点击“建立一个列表”按钮，将会弹出“新建列表”窗口。同样的，在“新建列表”窗口给列表取一个名字，并且选择它的适用范围。这里，我们还是输入“我的列表”作为列表名，然后点击“确定”按钮。这时候，在“代码”标签页的积木区域，会出现和“我的列表”对应的 12 个新增的积木块，通过它们可以对该列表进行一系列的操作和编程，包括显示列表监视器，向列表中添加、删除项，替换项，获取列表的项及其编号等等。

注意第一个积木块，如果选中“我的列表”前面的复选框，将会在舞台区显示出该列表的一个监视器。下图左边所示是我们创建的名为“我的列表”的列表。没错吧，列表的监视器真的很像是一个带有很多抽屉的柜子！点击列表监视器下方的“长度”前面的加号（+）按钮，就可以给这个柜子添加“抽屉”（也就是列表项）。下图右边是手动添加了 5 个列表项之后的“我的列表”。注意，第 5 项的框中有一个小小的 × 按钮，点击它就可以删除掉第 5 项。

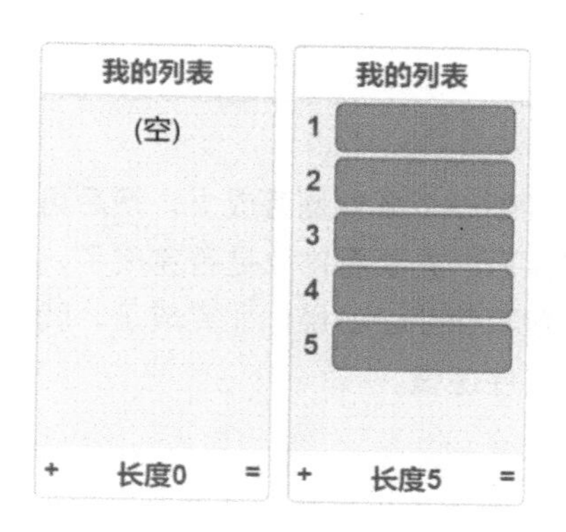

6.2.3 数学计算

数学计算是编程中经常要完成的基本任务。在Scratch 3.0 中，“代码”标签页的“运算”类的积木，提供了非常丰富的数学计算功能，包括常用的加减乘除、生成随机数、比较逻辑等等，使得实现数学计算非常简单。

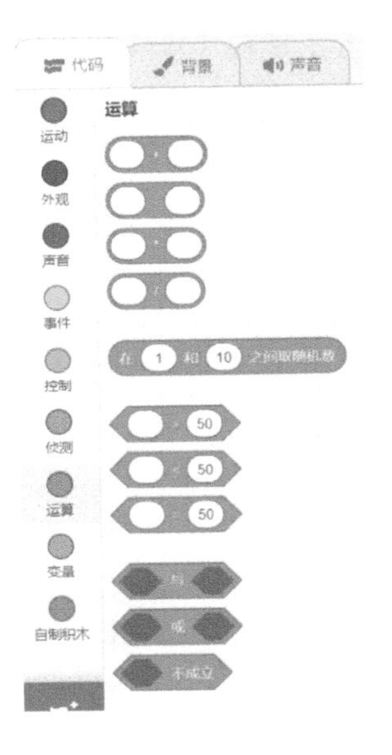

6.2.4 循环

在生活中，我们经常需要做一些简单重复地做的事情。比如说，我们做数学题，就是重复读题、列式子、计算和验算的一个过程。计算机可比人类更擅长做重复的事情，因此，聪明的人类通过编程中的循环功能，把一些简单重复的事情交给计算机来做。

在 Scratch 3.0 中，可以通过“控制”类积木中的“重复执行”积木来实现。一共有 3 种“重复执行”积木，如下图所示。

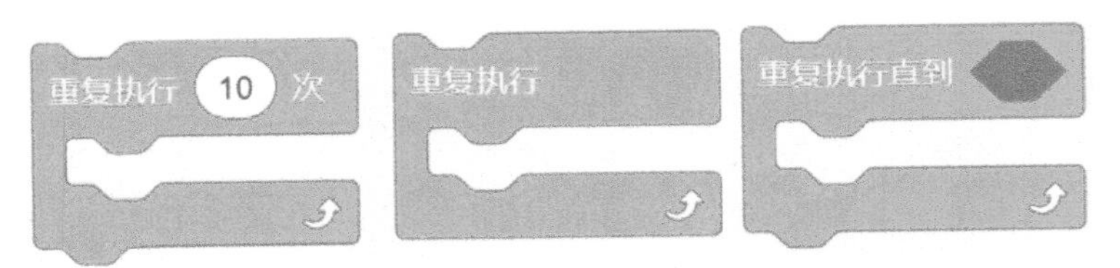

从左到右，3 个积木的作用依次是重复执行一定的次数、无条件地重复执行和重复执行直到满足某一条件。

6.2.5 条件

很多时候，我们需要判断一个条件是否成立，然后再根据判断的结果来确定要执行的操作。比如，放学回家后，先要看作业是否完成了，然后再决定做什么。如果没有完成作业，就要打开书包写作业，如果作业完成了，就可以去和小朋友玩了。这种情况下，我们就需要用到条件逻辑。

在 Scratch 3.0 中，可以通过“控制”类积木中带嵌入条件的积木来实现。条件在这些积木中是一个棕色的六边形，如下图所示。

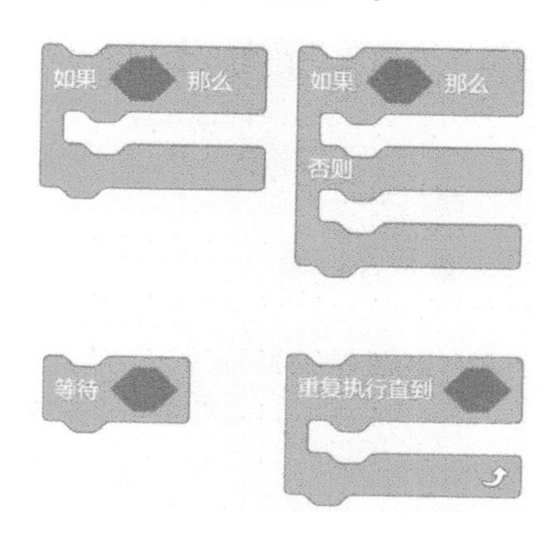

一共有4种带有条件逻辑的积木。我们依次来看看：

积木中，只有六边形中的条件成立，才会执行其中包含的语句；

积木中，当六边形中的条件成立时，执行“那么”后面的语句，当条件不成立时，执行“否则”后面的语句；在积木中，在条件成立之前将一直等待，等条件成立后，再执行其后面的语句；最后一个积木，我们在前一小节中见过，它是带有条件逻辑的循环，当条件成立后，循环停止并且不再重复执行。

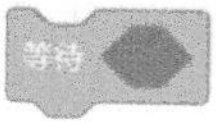

6.2.6 事件和消息

在生活中，经常遇到猝不及防的突发事件，这时候需要提前准备好一定的补救措施。例如，我们在去上学的路上发现忘记佩戴红领巾了，那就赶快返回家里去取。又比如，如果今天的值日生生病了，没来上学，就让学习委员担任当天的值日生。

在编程中，也有一种类似的事件处理的功能。事件处理是指根据预定义的事件的出现来启动代码的执行，例如当按下键盘上的某个按键、按下绿色的旗帜按钮，或者接收到一条同步消息等事件发生的时候，可能就需要执行一些相应的程序。

在 Scratch 3.0 中，“事件”类积木专门用来实现事件处理功能，如下图所示。

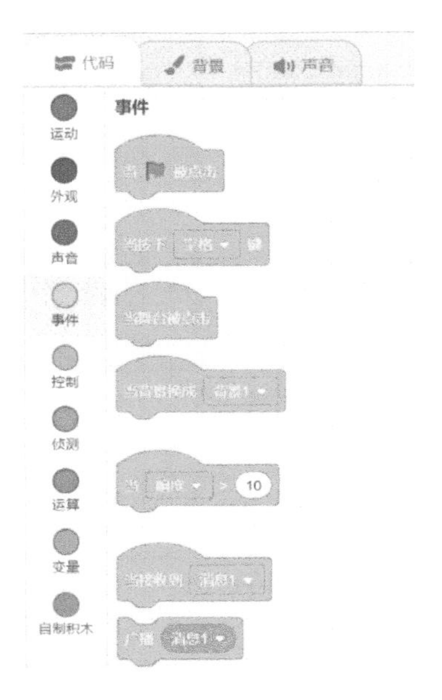

这里要强调一下消息触发的机制。消息就好像是学校临时发布的一条通知。在 Scratch 程序中，我们经常通过传递和接收消息来协调应用程序的不同部分的执行。“广播消息”和“当接收到消息”积木，可以很方便地做到这一点。在本书后面编写的游戏程序中，消息也是经常使用的一种功能。

在这一课中，我们简短地介绍了 Scratch 3.0 中的一些基本概念和编程方法，以及程序设计中一些较为通用的基本概念，特别是简单展示了它们在 Scratch 3.0 中是如何实现的。这一课的内容为我们学习后面的编程和游戏的开发打下了一个很好的基础。

第 7 课　角色和背景

角色和背景是 Scratch 3.0 中最基础的要素，在程序中起到重要的作用，读者需要深入地理解和牢固地掌握。为此，在这个简短的一课中，我们将通过一些动手操作，快速地、更好地理解角色和背景的作用。

7.1　添加角色

正如我们在第 5 课中所介绍的，角色是所有 Scratch 3.0 程序的核心和实现者。小猫是 Scratch 3.0 的默认角色。可是我们在实现自己的创意、制作动画或开发程序的时候，经常需要用到其他的角色，那么怎么添加这些角色呢？

首先，我们来看看如何删除默认的小猫角色。在角色列表区中，选中“小猫”角色，点击鼠标右键，从菜单中选择“删除”。也可以直接点击小猫角色缩略图右上方的小“×”按钮，快速删除掉该角色。

我们经常要用到这个操作。当你看到“把默认的‘小猫’角色删除”这句话的时候，就应该知道怎么做了。

接下来，注意在角色列表区，有一个按钮，如果把鼠标放在这个按钮之上，会弹出 4 个动态的菜单式按钮，如下图所示。

这几个按钮的作用，我们在 5.3.2 节已经介绍过了，这里不再赘述。

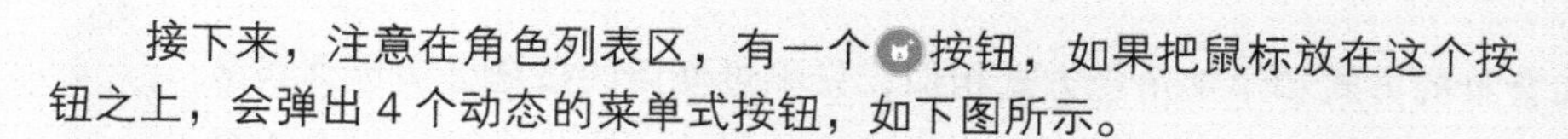

直接点击按钮，和从它的弹出菜单中选中并点击按钮，作用是一样的，都会打开“选择一个角色”窗口，然后就可以从角色库中选取一个你想要添加的角色了。

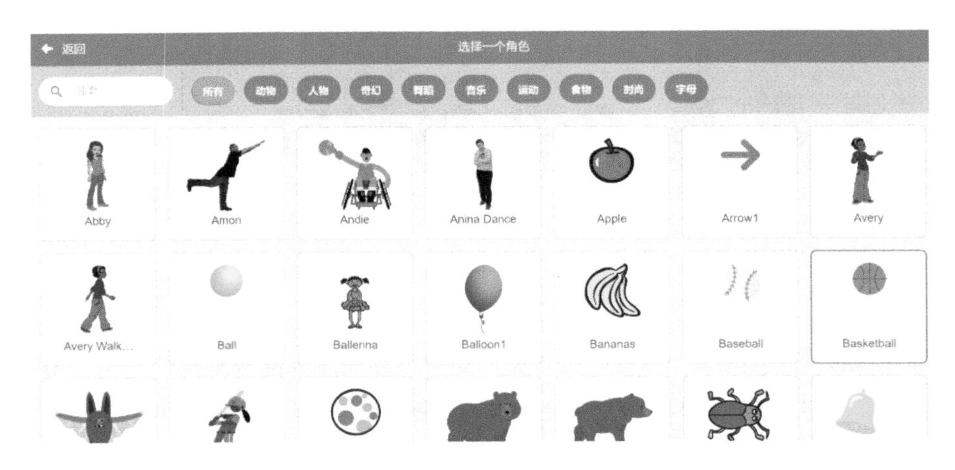

注意，这个窗口的上方，将角色划分为“动物”“人物”“奇幻”等不同的类别，方便用户根据故事或游戏场景的需要来选取使用。如果你已经知道了想要添加的角色的名称，也可以直接在左边的“搜索”框中输入名称来搜索。

如果想要通过上传计算机本地的文件来添加一个角色的话，也很简单，只要从弹出的 4 个按钮菜单中选取按钮。当然，也可以随机地添加一个角色，或者打开绘图编辑器来绘制一个角色。

7.2 添加背景

在 Scratch 3.0 中，背景就像是电影或者舞台中的场景。当角色在舞台上出现的时候，背景是衬托在最底层的图像。背景能够表现出故事或游戏发生的场景，还能起到烘托气氛等作用。我们可以给舞台分配一个或多个背景，并且在应用程序的执行过程中通过背景的切换来改变舞台的外观。

添加背景的方式和添加角色方式相似，只不过使用的按钮是角色列表区的背景按钮。当我们把鼠标放到这个按钮上的时候，它也会弹出包含 4 个按钮的动态菜单，如右图所示。

各个按钮的详细说明请参见 5.3.2 节。添加背景的操作方式和添加角色是一样的，只不过选取的时候打开的是背景库文件，这里就不再赘述。

7.3 角色动画

在这个小节中，我们通过制作一个简单的角色动画来体验一下对角色的操作。

首先，我们需要回顾一下第 6 课中讲过的“造型”的概念。造型（Costume）就是角色的外观和形象。一个角色可以有多个造型，在不同的条件下，角色可以切换为不同的造型，由此表现出角色的动作、动画或者状态变化等。下面我们就来动手尝试一下。

第1步 删除掉默认的小猫角色。

第2步 从背景库添加一个名为“Jurassic”的背景。

第3步 从角色库添加一个名为“Parrot”的角色。注意，这个角色有两个造型，分别表示翅膀向上和翅膀向下。我们通过切换这两个造型，就可以表现出鹦鹉飞翔的动画了。

1 Wings Up 198 x 153
2 Wings do... 151 x 145

第4步 编写代码。首先拖动 下一个造型 到代码区。这个积木的作用就是将角色造型切换为下一个造型。点击它，会发现角色在舞台区的造型发生了变化。

然后拖入 重复执行 10 次 积木，将 下一个造型 积木嵌入到重复执行积木中。这时候，点击这个积木块组合，会发现鹦鹉在舞台区连续上下扇动翅膀 5 次。但是，由于扇动得太快（其实也就是造型切换得太快），飞翔的效果并不是太好，我们经常把这种不自然的动画效果称为“抖动”。

怎么办呢？加入一个 等待 1 秒 积木，把其中的“1”秒改为“0.3”秒，让每次造型切换之间有一个短暂的停顿（注意，这是经常使用的一个小技巧，在本书后面我们还将会用到）。现在看上去效果不错。在组合积木块顶部加入一个 当 ⚑ 被点击 积木，这个小小的角色动画就完成了。完整的代码如右图所示。

```
当 ⚑ 被点击
重复执行 10 次
    下一个造型
    等待 0.3 秒
```

执行程序的时候，鹦鹉飞翔的效果如下图所示。

注意，我们还可以在程序中使用 换成 Wings Up ▾ 造型 积木，让角色切换为指定的造型。

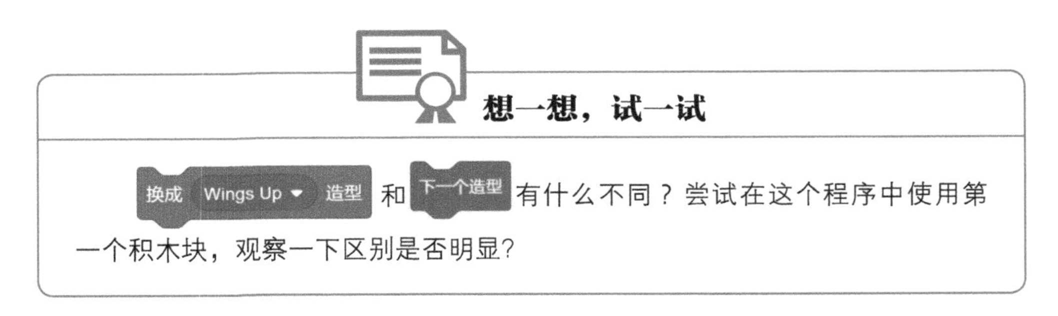

想一想，试一试

换成 Wings Up ▾ 造型 和 下一个造型 有什么不同？尝试在这个程序中使用第一个积木块，观察一下区别是否明显?

7.4 创作故事

7.4.1 编写对话

把角色和背景结合起来，我们就可以用 Scratch 3.0 讲故事、编写对话、切换场景，表达一定的故事情节等等。下面，我们通过一个创作故事的小动画，来进一步掌握对角色和背景的各种操作。首先，删除默认的小猫角色，然后开始如下的步骤。

第 1 步 从背景库选取一个名为“Witch House”的背景。

第2步 从角色库添加一个名为“Wizard”的角色。它有3个造型。

第3步 我们让这个“魔法师”角色说点什么吧。添加如下的两个积木，让这个魔法师说“欢迎来到魔法学校！”2秒钟。

第4步 “魔法师”一个人有点太寂寞了，我们来添加另一个名为“Elf”的角色吧！“Elf”刚进入到“Witch House”的时候，似乎没有和“魔法师”面对面交谈。我们选中“Elf”的第一个造型，打开绘图编辑器，点击上方的“水平翻转”工具，让“Elf”变为面朝“魔法师”。

第5步 为“Elf”角色编写代码，让他说“我要去探索！”2秒钟，如下图所示。

此时，如果点击一下按钮，会发现“魔法师”和“Elf”会同时说话。这显然不符合情理。因此，我们应该让“Elf”等待一会儿再说话，这样，他就好像是在回应“魔法师”的问候了，如下图所示。

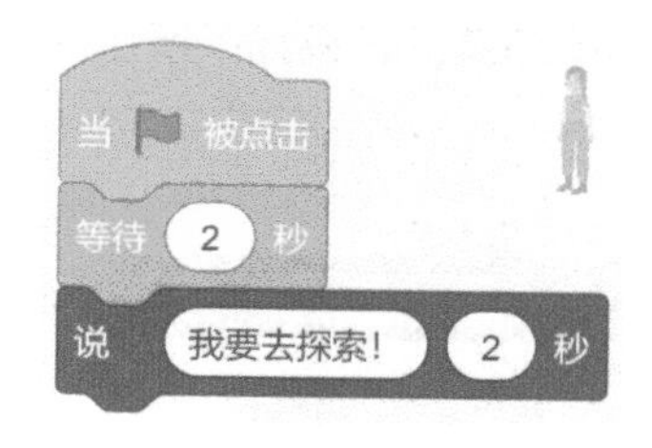

好了，现在尝试运行一下程序，“魔法师”和“Elf”可以在这个充满魔法的房间里对话了。

7.4.2 切换背景

光在房间里待着是不是有点闷啊？让我们来增加一些场景，让故事情节更加丰富一些吧！

继续上一小节的程序，进行如下的步骤。

第1步 从背景库添加另一个名为“Mountain”的背景。

第2步 选中“Elf”角色，继续编写代码。当点击绿色旗帜按钮的时候，背景切换回“Witch House”，让“Elf”首先出现在魔法师的家里，然后等待4秒，这就是“魔法师”和“Elf”对话所需要的时间。最后，把背景切换为“Mountain”。代码如下所示。

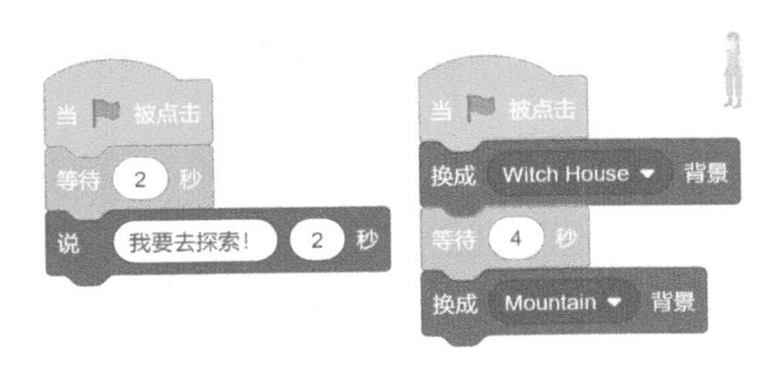

点击一下按钮，发现“魔法师”和“Elf”首先在“Witch House”里完成对话，然后，场景顺利切换为“Mountain”。

第3步 一定是我们的“魔法师”施展魔法了，把“Elf”送到了深山里去探险吧！这样的话，“魔法师”不应该出现在“Mountain”背景中啊，该怎么做到呢？

从角色列表区选中“魔法师”角色，继续编写代码，使得当场景切换为“Mountain”时，“魔法师”能够隐身。代码如下所示。

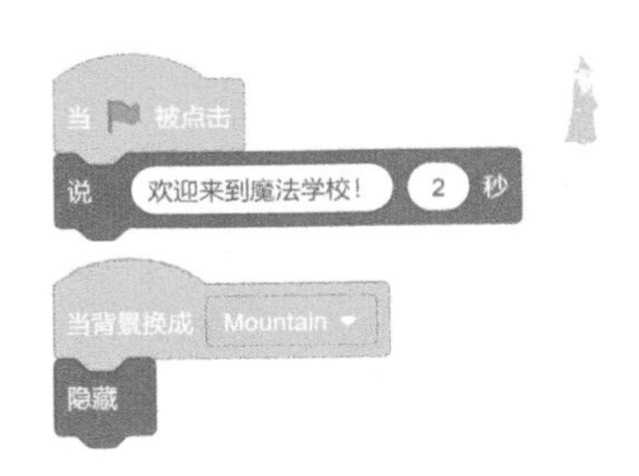

第4步 点击一下🏳按钮尝试一下，发现程序一开始运行的时候，“魔法师”在自己的家里就消失了。这显然不符合情理。为什么会这样呢？因为我们在程序中隐藏了“魔法师”角色。因此，我们还应该在“魔法师”的第一段代码中添加一个“显示”积木，让他现身。完成后的代码如下所示。

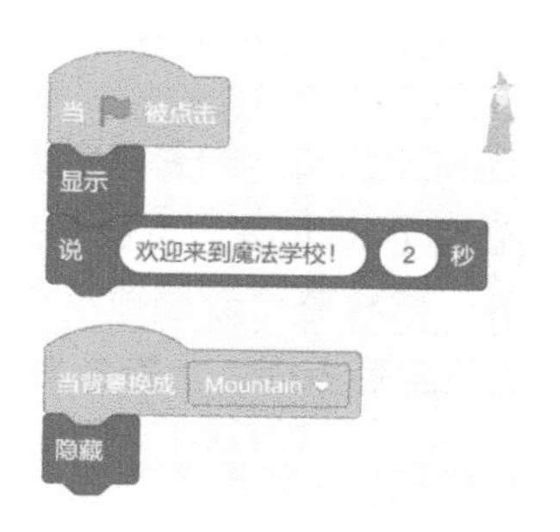

好了，到这里，这个创作故事的小程序就编写完成了。运行一下吧！两幕不同的场景的效果如下所示。

第 8 课 让角色动起来

在第 7 课中，我们学习了如何添加角色和背景，以及基本的背景、造型的切换。有了角色和背景，我们还需要让角色动起来、发出声音、有形态变化，场景能够切换、有特殊效果、有音乐背景等，这样整个动画或程序才能富有生命，具有感染力。要实现这些，就需要在程序中使用多种多样、功能各异的积木。

在接下来的课程中，我们将依次学习这些积木，并且通过一些由易到难的项目来动手实践练习，逐步了解这些积木的功能，掌握其运用技巧。

8.1 运动积木

这节课我们来学习运动积木。运动积木，顾名思义，是控制角色的位置、方向、旋转和移动的积木。表 8.1 列出了属于这一分类的所有积木。

表 8.1 运动积木

序号	积木	说明
1	移动 (10) 步	让角色移动一段距离。这个角色将会从当前位置开始移动。你想要移动多长距离，就在方框中输入相应数值。如果输入的是负值（例如 -10），那么角色就会向相反的方向移动
2	右转 ↻ (15) 度	让角色向右旋转，在方框中输入你想要角色旋转的角度度数，如果输入负值，角色会向相反的方向运动
3	左转 ↺ (15) 度	让角色向左旋转，在方框中输入你想要角色旋转的角度度数，如果输入负值，角色会向相反的方向运动
4	移到 随机位置 ▾	将角色移动到随机位置或者鼠标位置。通过下拉菜单，可以选择选择随机位置或鼠标指针

续表

序号	积木	说明
5	移到 x: 0 y: 0	指定角色要显示的坐标位置，可以分别在x和y后面输入数值，让角色显示在对应的坐标位置上
6	在 1 秒内滑行到 随机位置	让角色在指定时间内滑动到随机位置或者鼠标指针的位置。通过下拉菜单，可以选择随机位置或是鼠标指针。改变滑动的秒数，可以调整角色在舞台上的滑动速度
7	在 1 秒内滑行到 x: 0 y: 0	让角色在指定时间内滑动到指定的x坐标和y坐标位置。角色从一点开始，滑向另外一点。改变滑动秒数，可以调整角色在舞台上的滑动速度
8	面向 90 方向	设置当前角色面朝的方向。点击数字，会出现一个圆形手柄，可任意调整角度来表示方向。通过角色列表区的 方向 90 ，可以查看角色当前的方向
9	面向 鼠标指针	让角色始终面朝鼠标或其他角色。这个积木可以改变当前角色的方向，可以从下拉菜单中选择，下拉菜单包含了项目中其他的角色
10	将x坐标增加 10	改变角色位置的x坐标值，如果是正值，则会让角色向右移动，如果是负值，则会让角色向左移动
11	将x坐标设为 0	设置角色的x坐标值
12	将y坐标增加 10	改变角色位置的y坐标值，若是正值，则会让角色向上移动，若是负值，则会让角色向下移动
13	将y坐标设为 0	设置角色的y坐标值
14	碰到边缘就反弹	如果碰到舞台边缘就返回。角色在碰到舞台的上部、下部、两侧而反弹时，可以设置反弹运动的旋转方式
15	将旋转方式设为 左右翻转	用来设置角色反弹时，角色造型的旋转方式。从下拉菜单中选择“左右翻转”，限制角色只能在水平方向上旋转。从下拉菜单中选择“任意旋转”，让角色在垂直方向上翻转。如果选择“不可旋转”，角色反弹时也始终维持一个朝向
16	x 坐标	显示角色的x坐标。要在舞台上显示角色的x坐标，点击（积木旁边的）勾选框
17	y 坐标	显示角色的y坐标，要在舞台上显示角色的y坐标，点击（积木旁边的）勾选框
18	方向	报告角色当前的方向。方向指出角色的朝向。要在舞台上显示角色的方向，点击（积木旁边的）勾选框

了解一种工具的最好的办法，就是使用它。在本课剩下的内容里，我们来使用运动积木做一些有趣的事情。

8.2 让字母旋转

要让角色旋转起来，我们要用到 右转 ↻ 15 度 和 左转 ↺ 15 度 积木。我们选择一个角色来尝试一下。

第 1 步 删除掉默认的小猫角色。从角色库中添加一个名为“Story–B”的角色。这个角色的外形就是一个字母 B。

```
当角色被点击
重复执行 20 次
    右转 ↻ 15 度
    等待 0.3 秒
面向 90 方向
```

第 2 步 编写程序，实现当角色被点击的时候，以右转 15 的方式重复旋转 20 次。旋转结束后，角色恢复正常朝向。代码如右图所示。

好了，这个简单的程序就编写完了。现在点击绿色旗帜按钮开始运行程序，当用鼠标点击字母“B”的时候，它开始旋转，并且最终恢复程序运行之初的样子。

想一想，试一试

1. 这里为什么要添加  这个积木块？不加的话会怎么样？

动手尝试一下。

2. 如果把右转的度数从 15 度修改为更大的度数，效果会怎么样呢?

8.3 滑来滑去

移动积木可以让角色移动指定的步数，或者移动到指定的位置。滑行积木可以让角色在指定的时间内，滑动到指定的位置。让我们通过实现下面的项目来体会一下这几个积木的用法。

第 1 步 删除掉默认的小猫角色。从背景库添加“Jurassic”作为背景，从角色库添加“Penguin 2”作为角色。

第 2 步 编写代码。拖动一个滑动积木，让小企鹅在 1 秒钟内从舞台右上方滑动到舞台左下方的某一个位置；再拖动另一个滑动积木，让小企鹅在 1 秒钟内滑动回右上方的位置。拖动一个移动到指定位置的积木块，放到滑动积木块上方。完成后的代码如右图所示。

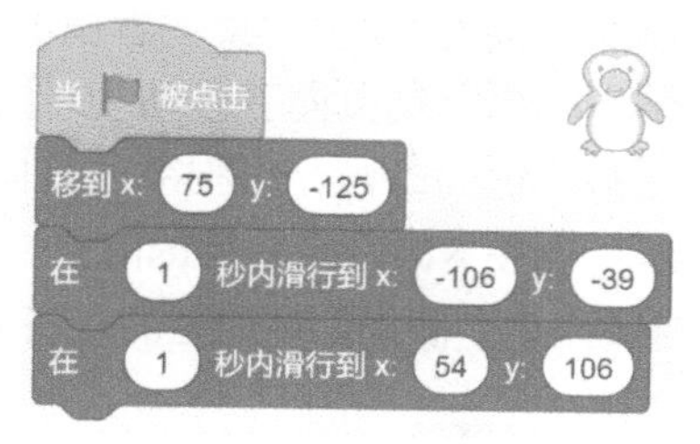

第 3 步 将角色拖动到舞台正下方。尝试运行程序，小企鹅从指定的位置开始，在屏幕上滑来滑去。效果如下图所示。

8.4 使用方向键

在游戏中，我们经常会看到通过方向键控制角色移动的情况。运动类积木中的 将x坐标增加 10 和 将y坐标增加 10 ，可以让角色朝指定的方向移动指定的步数。事件类积木中的 当按下 空格 键 可以侦测指定按键的按下，并且触发相应的动作。这两类积木结合起来，就可以实现通过方向键控制角色的移动。接下来，我们通过制作一个小项目来体验一下吧！

第1步 删除掉默认的小猫角色。从背景库添加“Space”作为背景，从角色库添加“Dot”作为角色。

第2步 编写代码，让小狗宇航员实现如下的动作——当按下向上箭头键的时候，小狗宇航员向上移动 10 个像素；当按下向下箭头键的时候，小狗宇航员向下移动 10 个像素；当按下向左箭头键的时候，小狗宇航员向左移动 10 个像素；当按下向右箭头键的时候，小狗宇航员向右移动 10 个像素。完成后的代码如右图所示。

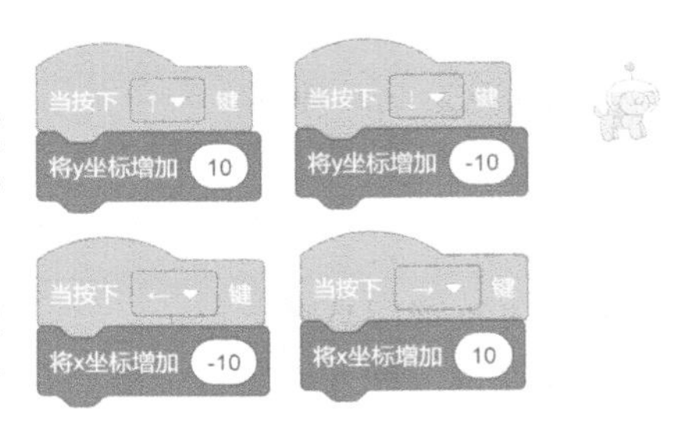

第3步 尝试运行程序。分别按下向上箭头键、向下箭头键、向左箭头键和向右箭头键，观察小狗宇航员的移动情况，效果如下图所示。

想一想，试一试

1. 让角色向上下左右移动一定的像素，分别要靠哪些动作积木呢？移动的像素数取负数值的话，会有什么作用？

2. 角色移动到舞台之外就不好了，该通过哪个积木让角色在舞台范围之内移动呢？当到达舞台边缘的时候，角色应该做出什么样的动作反应呢？

8.5 制作追赶游戏

我们继续使用上一节中学到的知识，来制作一个通过上下左右按键控制的追赶小游戏吧！

第1步 删除掉默认的小猫角色。从背景库添加“Underwater1”作为背景，从角色库添加“Octopus”和“Starfish”角色。

第2步 选中“Octopus”，对该角色编程。这部分程序很简单，和上一小节通过方向键让小狗宇航员移动非常相似。代码如下所示。

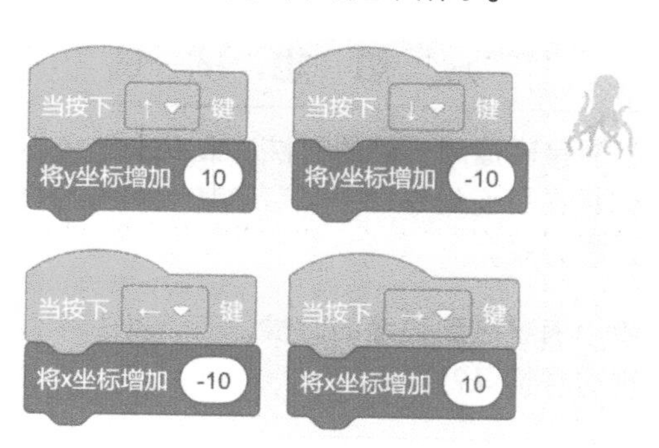

第3步 章鱼在海底太寂寞了，它总要追赶些其他的什么东西才好玩。我们给它添加一个追赶的对象。添加角色“Starfish”吧！我们只要让小海星不断地、随机地游动就好了。选中这个角色，它的程序很简单，如下所示。

运行程序，通过向上、向下、向左、向右箭头按键来操控章鱼，让它追逐在海底随机游动的海星，效果如下图所示。这个程序现在有点意思，但是似乎总是还缺点什么？

想一想，试一试

1. 当章鱼和小海星碰撞到一起的时候，会发生什么样的情况呢？思考下如何进行设计，我们将在后面的课程中学习了其他的积木功能之后，进一步实现和扩展这个海底追赶游戏。

2. 当章鱼或者小海星碰到边缘的时候，应该发生什么情况呢？你能否用运动积木来编程实现这种情况？

第 9 课　改变角色的外观和行为

9.1　外观积木

外观积木是通过造型或背景影响角色和舞台的外观，并且能够显示文本的积木。表 9.1 列出了属于这一分类的所有积木。

表 9.1　外观积木

序号	积木	说明
1	说 你好! 2 秒	让角色说些话，内容会以对话泡泡的方式呈现，在指定时间后隐藏。你可以输入任何想要说的内容。对话泡泡会根据内容的字数自动调整框的大小。如果内容较多，请设置较长的显示时间
2	说 你好!	让角色说些话，内容会以对话泡泡的方式呈现。你可以输入任何文字。这些文字将会显示在对话泡泡中。要清除对话泡泡，可以点击空白的“说”积木
3	思考 嗯…… 2 秒	用想象泡泡的图形来显示一些文字，表达心中所想，在指定时限后自动消除。注意时间设置和内容字数要配合，太长的内容需要花比较多的时间来阅读
4	思考 嗯……	用想象泡泡的图形来显示一些文字，表达心中所想。你可以输入任何文字。这些文字将会显示在对话泡泡中。要清除对话泡泡，请使用空白的“思考”积木
5	换成 造型1 ▾ 造型	用来改变角色的造型
6	下一个造型	切换到角色造型列表中下一个造型。当 下一个造型 到达列表的底端，它会回到顶端
7	换成 背景1 ▾ 背景	用来改变舞台的背景。从下拉菜单中选择背景的名字

续表

序号	积木	说明
8	下一个背景 （舞台专用）	将舞台背景替换成下一个背景。当 下一个背景 到达列表的底端，它会回到顶端
9	将大小增加 10	用来改变角色的显示尺寸
10	将大小设为 100	将一个角色的大小设置为其最初大小的一个百分比。注意：角色的显示尺寸是有限制的，你可以尝试看看它的上限和下限值
11	将 颜色 ▾ 特效增加 25	为角色加上一些图形特效，并增加指定的强度值
12	将 颜色 ▾ 特效设定为 0	将角色的某种图形特效，设置为指定的强度值
13	清除图形特效	用来清除角色上所有添加的图形效果
14	显示	让角色显示在舞台上
15	隐藏	让角色在舞台上消失。注意，当角色隐藏时，其他的角色将无法通过“碰到”积木侦测到它
16	移到最 前面 ▾	将指定角色的图层显示在其他图层之前或者之后。可以通过下拉菜单选择“前面”或“后面”
17	前移 ▾ 1 层	用来将指定角色的图层向前或向后移动1层或多层。通过第一个下拉菜单，可以选择“前移”或“后移”。在第二个框中，可以填入数字表示移动的层数。如果把角色向后移动若干层，就可以把它藏在其他角色的后面
18	造型 编号 ▾	获取角色当前造型的编号，点击（积木旁边的）勾选框可在舞台上显示对应的监视器
19	背景 编号 ▾	获取舞台当前的背景编号，点击（积木旁边的）勾选框可在舞台上显示对应的监视器
20	大小	获取角色大小相对于其最初大小的一个百分比，点击（积木旁边的）勾选框可在舞台上显示对应的监视器

还记得吗？在前面的第7课的7.4节“创作故事”的例子中，我们使用了 说 你好！ 2 秒 积木让魔法师和Elf说话，还使用了 隐藏 和 显示 积木让魔法师隐身和现身。在这一课中，我们将通过几个小项目来进一步熟练掌握这些最常用的外观积木。

9.2 变大变小

魔法师除了能把 Elf 送到山里去寻宝，还能够把他变大变小。我们通过下面的项目来体会一下魔法师的魔法吧！

第1步 参照第 7 课的“创作故事”的例子，添加名为“Witch House”的背景，添加一个名为“Wizard”的角色和一个名为“Elf”的角色。

第2步 选中魔法师角色，进行编程。魔法师对 Elf 说：“我可以把你变小，还可以把你变回原样！”代码如下所示。

第3步 选中 Elf 角色，进行编程。把他的对话改为：“真的吗？”。然后，在一个重复执行 10 次的循环中，每次将 Elf 的大小增加 –5（即将其缩小为最初的大小的一半）。等待 1 秒，然后再次开始一个重复执行 10 次的循环，每次将 Elf 的大小增加 5。代码如右图所示。

执行这个程序，会看到当魔法师和 Elf 的对话结束后，魔法师就会施展魔法，先把 Elf 逐渐变小，然后再把他逐渐恢复到原来的大小，效果如下图所示。

9.3 隐藏和出现

还记得吧？在第 7 课“创作故事”的例子中，魔法师曾经使用魔法把自己隐身起来。在这个项目中，我们让魔法师使用魔法，让 Elf 隐身并出现吧！

第 1 步 选中魔法师角色，修改程序，让他说“我可以让你隐身，也可以让你现身！”2 秒钟。代码如下所示。

第 2 步 选中 Elf 角色，编写代码。Elf 在魔法师说完话后，说“真的吗”2 秒钟。然后，等待 2 秒，隐藏 Elf 角色，再等待 2 秒，显示 Elf 角色。代码如右图所示。

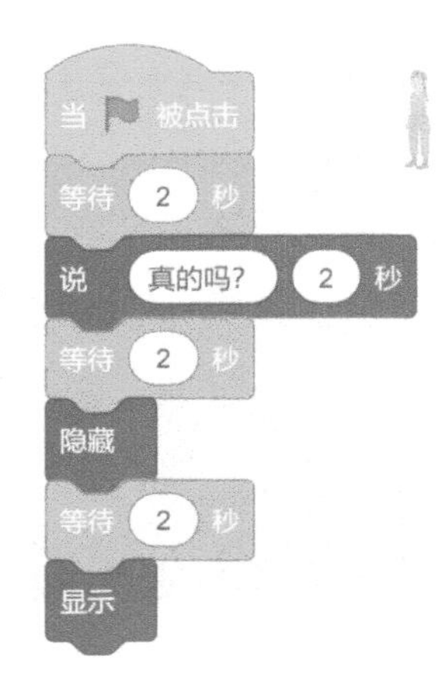

怎么样？非常简单吧！运行一下这个程序，看看魔法师的魔法效果吧！

9.4 添加效果

魔法师不仅对 Elf 施展了魔法，还教会了 Elf 几招魔法，随后，Elf 就带着寻宝的任务进入了深山之中。在深山中，有一只吐火的恶龙把守着埋藏宝藏的洞口。Elf 能用魔法师教给他的魔法战胜恶龙吗？我们来看下面的项目。

第1步 修改魔法师角色的对话，让他说出对付恶龙的魔法——“Elf，记住，要对付恶龙，就按下数字键 1、2 和 3！按下空格键，你的魔法就消失了！”这段文字比较长，显示时间改为 3 秒，以便用户能够读完。

第 2 步 角色调整。从本地素材中导入“Creature”角色，它的第 2 个造型就是吐火恶龙的造型。从角色库添加“Magic Wand”角色，这是魔法师传授给 Elf 的魔法棒。注意，魔法师和 Elf 面对的位置要互相调换一下，以便 Elf 在深山背景中能够面对洞穴。恶龙则要放到洞穴口的位置（它要把守洞口，看护宝藏），且通过“水平翻转”操作，让它恶狠狠地面对 Elf。添加完成后的角色列表如下图所示。

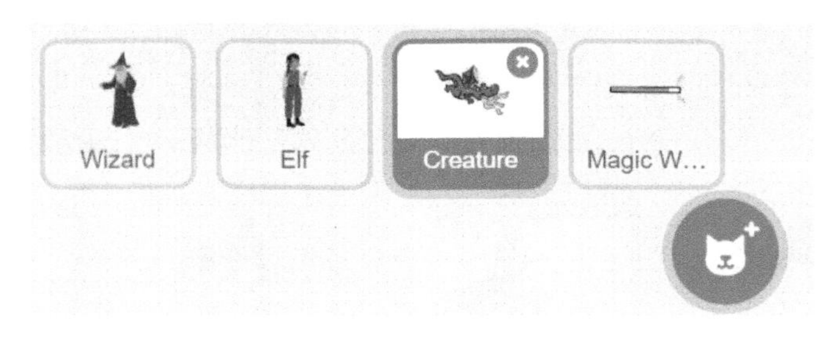

第 3 步 选中 Elf，修改代码，让他充满信心地对魔法师说：“好的，我去深山寻宝了！”

等 Elf 和魔法师的对话结束后，舞台切换为深山背景，此时，把 Elf 的造型切换为“elf-c”，也就是举起左手的造型，以便操作魔法棒，施展魔法。代码如下所示。

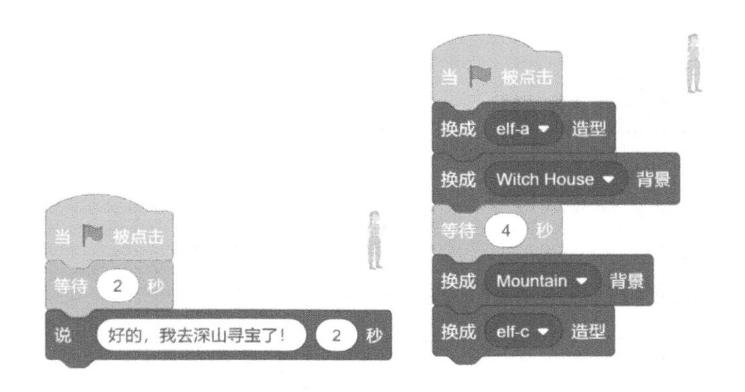

第 4 步 选中恶龙角色，编写程序。这里的代码充分地使用了外观类的积木。首先，要通过显示和隐藏积木来处理恶龙的现身时机。当点击绿旗按钮，程序开始运行的时候，恶龙应该是隐藏的；而当场景切换为深山的时候，恶龙就现身并守护藏宝洞穴了。其次，是处理对恶龙施展魔法的代码。这里用到了特效积木，当用户按下数字键 1、2 和 3 的时候，分别对恶龙使用不同的特效并增加一定的特效程度，当用户按下空格键的时候，则清除所有的特效。

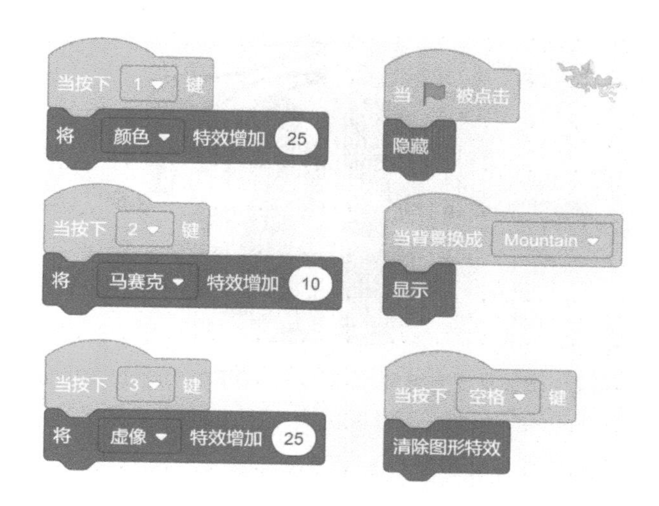

第5步 选中魔法棒，进行编程。主要是处理好魔法棒的显示和隐藏，它和恶龙一样，在程序刚开始运行的时候隐藏，当切换到深山背景的时候显示。代码如下。

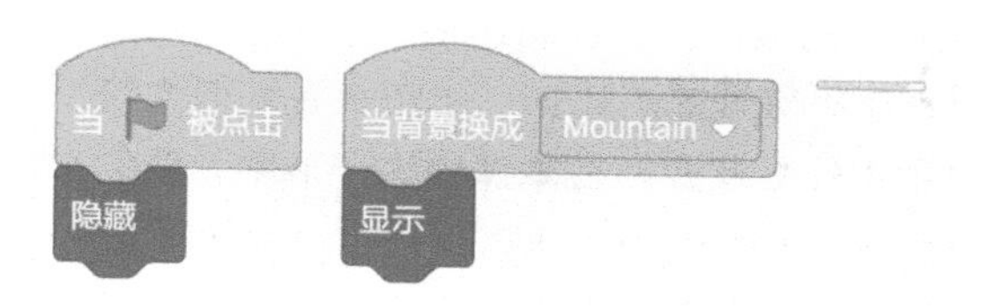

好了，到这里这个项目就全部完成了。运行一下程序，感受一下外观积木的应用效果吧！尝试按下数字键 1、2、3 和空格键，让 Elf 和恶龙展开搏斗吧！

Elf 向魔法师学习魔法

按下数字键 1，增加颜色特效

按下数字键2，增加马赛克特效

按下数字键3，增加虚像特效

9.5 扩展海底追赶游戏

还记得我们在第 8 课的最后一节，制作了一个简单的海底追赶游戏吧！但是，那个 1.0 版本的游戏似乎还不够理想。比如，小海星游动得太快了，章鱼和小海星碰到一起的时候，并没有发生什么反应。在本课的这一节中，我们来对这个游戏做一些改进和扩展。

第 1 步 小海星现在游动的速度有点太快了。我们把滑行到随机位置的时间修改为 5 秒。

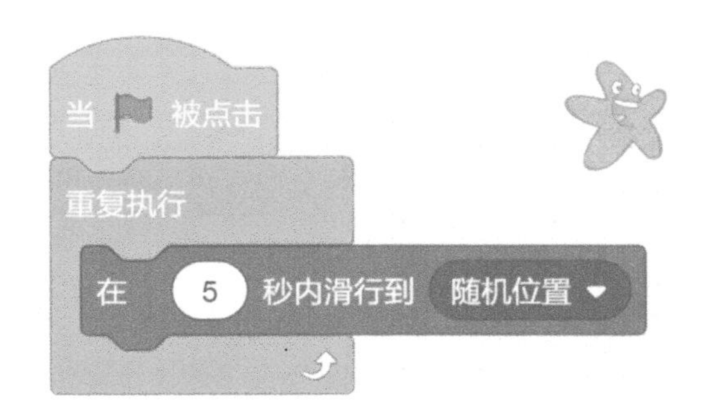

第 2 步 编写代码，处理小海星和章鱼碰到一起的情况。这里我们要用到侦测积木中的碰撞侦测积木（我们将在第 13 课中详细介绍这一类型的积木），现在，只要知道这个积木能够检查两个角色或颜色碰撞到一起的情况就行了（关于碰撞的原理，

我们在前面的第6课中介绍过了，可参阅6.1.8节进行回顾）。当小海星和章鱼碰到一起的时候，让小海星的大小变为原来的一半并保持2秒钟，2秒钟之后再恢复原来的大小。代码如右图所示。

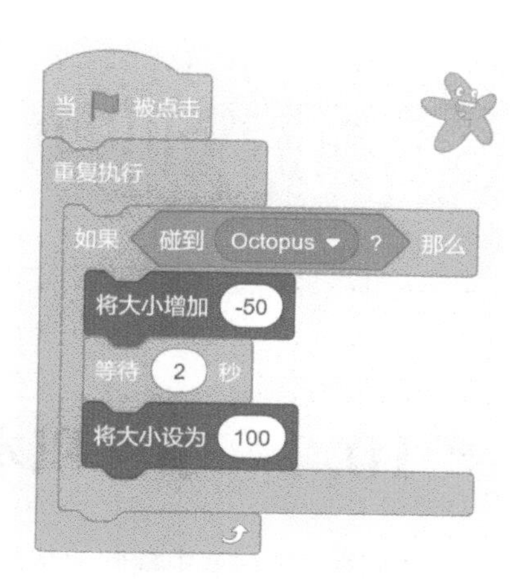

尝试运行一下这个程序，按下上下左右方向键，让章鱼去追赶小海星，看看它们碰撞到一起的时候会发生什么？这个海底追赶游戏2.0版是不是更有趣一些了。先别着急，随着后面学习新的积木功能，我们还将继续扩展这个游戏，让它的功能变得更加丰富有趣。

第 10 课 用事件驱动程序

10.1 事件积木

我们在 6.2.6 节中提到，生活经常会遇到一些意料之外的突发事件，需要我们提前准备一些预案来进行处理。在编程中，也有一种和日常生活中的事件处理类似的功能。事件处理是指根据预先定义的事件的出现来启动代码的执行，例如当按下键盘按键、按下绿色的旗帜按钮，或者接收到一条同步消息等事件发生的时候，可能就需要执行一些相应的程序。

事件积木就是负责在事件发生时触发脚本执行的积木。表 10.1 列出了这个分类的所有积木。

表 10.1 事件积木

序号	积木	说明
1	当 🏴 被点击	当绿旗被点击时开始执行其下的程序
2	当按下 空格 ▾ 键	当指定的键盘按键被按下时开始执行其下的程序。通过下拉菜单，可以选择指定其他的按键。只要侦测到指定的按键被按下，程序就会开始执行
3	当角色被点击	当角色被点击时开始执行程序
4	当背景换成 背景1 ▾	当切换到指定背景时开始执行程序
5	当 响度 ▾ > 10	当所选的属性（响度或计时器）的属性值大于指定的数字时，开始执行程序。可以从下拉菜单中选择其他属性

续表

序号	积木	说明
6	当接收到 消息1	当角色接收到指定的广播消息时开始执行下面的程序
7	广播 消息1	给所有角色及背景发送消息，用来告诉它们现在该做某事了
8	广播 消息1 并等待	给所有角色和背景发送消息，告诉它们现在该做某事了，并一直等到事情做完。点击选择要发送的消息。选择“新消息”来键入新的消息

事件积木的数目不多，而且大多数常用的事件类积木，我们在前面的课程中都多次用到过，因此对我们来说，它们早就已经不再是陌生的面孔了。

例如，在前面课程的很多示例中，我们都用到了 当 被点击 积木，这也是开始运行程序的时候经常使用的一个积木。在 8.2 节中，我们用到了 当角色被点击，让字母在被点击的时候就开始旋转。

在 8.4 节中，我们使用方向键来控制小狗宇航员移动，用到了 当按下 空格 键 积木。在 9.4 节中，我们再次使用 当按下 空格 键 积木，通过按键来对恶龙使用不同的魔法效果。

在 7.4 节中，我们使用了 当背景换成 背景1 把背景从魔法师的房屋切换到深山。

正是因为有了前面这些课程中的讲解，在本课的后续内容中，我们的学习任务变得比较轻松了。我们通过一个“心随声动”的示例，帮助读者认识和掌握响度积木，然后再通过一个综合性的示例，进一步了解事件积木和外观积木的结合应用。最后，我们改进一下魔法师将 Elf 变大变小的例子，来认识一下事件积木中的消息积木。

10.2 有声音就心动

这个项目很简单，其主要目的是展示事件积木中的响度积木的用法。具体操作步骤如下：

第 1 步 删除默认的小猫角色。添加“Elf”角色，他仍然是我们的主人公。添加“Heart”角色，表示这是 Elf 的心脏。

第 2 步 注意，这个心脏角色有两个造型，分别是红色心脏和紫色心脏。为了让这个程序中的变换更加明显和多样一些，我们再多添加几个其他颜色的心脏。在“造型”标签页下，选中“heart red”造型，点击鼠标右键，选择“复制”。这时候，造型列表中会自动多出了一个“heart red 2”造型。

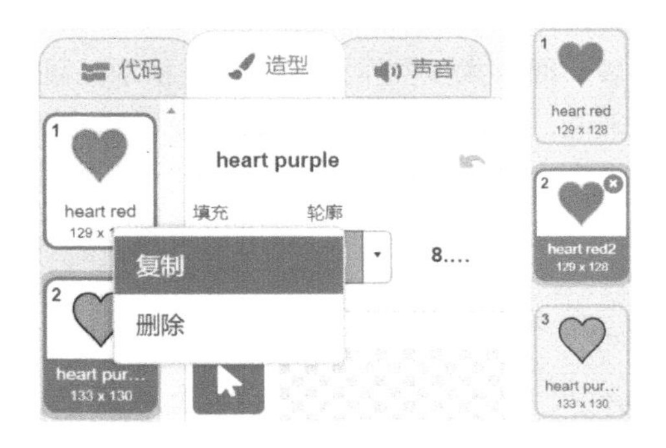

选中它，在绘图编辑器中选中心形图形的轮廓，点击绘图编辑器左上方的“填充”下拉菜单，把“颜色”改为绿色，并在造型名称栏中将其名称修改为“heart green”。

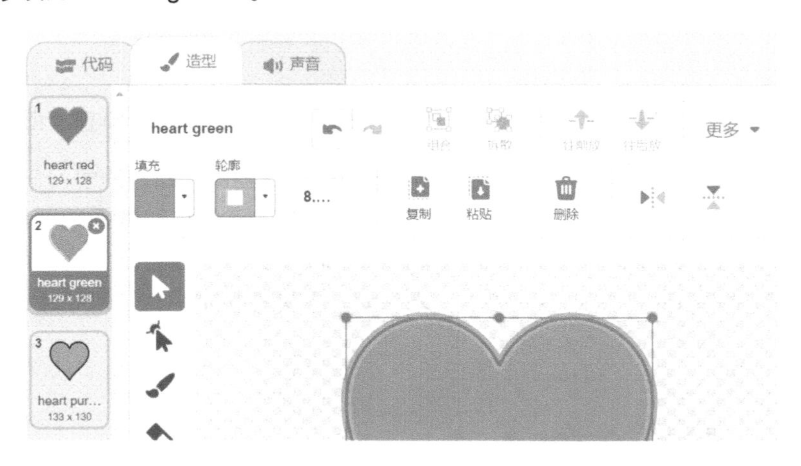

以同样的方式，制作黄色的“heart yellow”造型和橙色的“heart orange”造型。完成后的造型列表如右图所示。

第 3 步 完成角色和造型设置以后，我们开始编程。先选中 Elf 角色，开始编写程序。程序开始运行的时候，Elf 每隔两秒钟就说“有声音就心动！”，告诉我们，只要有声音就会引发他的心跳并且心脏会改变为不同的颜色。代码如右图所示。

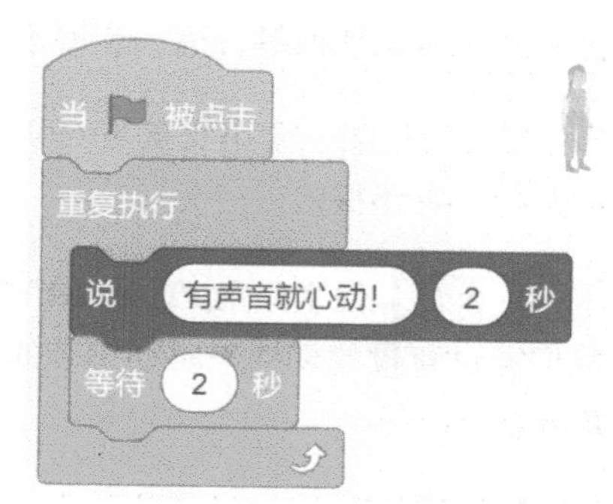

第 4 步 先选中心脏角色，编写代码，当响度大于 10 的时候，让心脏角色切换为下一个造型。代码如右图所示。

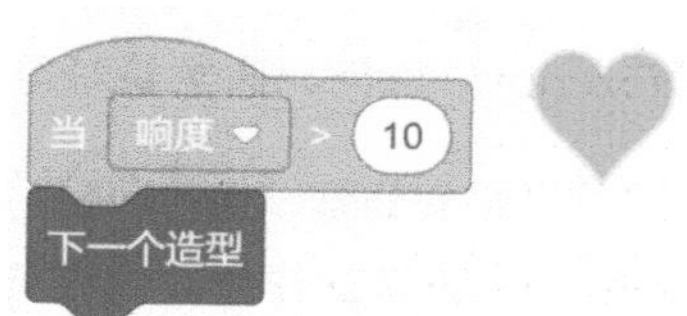

好了。这个项目到此就完成了。现在运行一下程序，尝试发出一些很小的声音，会看到 Elf 的心脏不断地变化颜色。也许不同的颜色就代表着他不同的心情吧！

想一想，试一试

现在看上去，Elf 的心脏对声音有点太敏感了？尝试一下把响度值改得更大一些。这样一来，是不是只有发出的声音比较大的时候，Elf 才会心动呢？

10.3 Elf进入古堡

我们再继续讲一个“Elf 进入古堡”的故事，这个故事综合运用了事件积木、背景和角色造型切换等，进一步展示了如何将事件积木和外观积木结合起来使用。

话说 Elf 和一个小女孩 Avery 一起出去游玩的时候，碰到了一个古堡，于是，他们开始了古堡探险……

第 1 步 依次添加“Castle1”“Castle2”和“Castle3”作为背景。在这个项目中，我们通过背景的切换来驱动情节的发展，不同的背景下，角色说不同的话，做不同的事情。

第 2 步 添加了 4 个角色。分别是“Elf”“Avery”“Arrow1”，还有一个自制的“Prompt”角色。这里要对角色进行一些简单处理和调整。

首先来处理“Arrow1”角色。这个角色在游戏中充当“下一步”按钮，起到点击后切换背景的作用。我们先在角色缩略图中，把它的名字改为“Next Button”。它有上、下、左、右 4 个造型，我们打算把背景切换箭头放在右下方，因此，只需要使用第一个向右箭头就可以了，这样可以比较自然地指向下一幕背景。将其他的几个造型删除掉。将箭头的颜色调整为紫色，以便和古堡的神秘气氛保持一致。具体的处理方式和上一节中对心脏造型的操作类似，这里就不再赘述了。

接下来，制作“Prompt”角色。这个角色我们要自己来绘制。点击角色按钮并从弹出的菜单中选择“绘制”，然后在造型中出现一个空白的画板，我们要使用自带的绘图工具来绘制一个文字提示信息。首先在绘图工具栏的左下方选中“矩形”工具，然后在画布上拖动出一个矩形形状，点击“填充”，将颜色和饱和度全部选择为 0，填充色就变为白色。另外，“轮廓”选择为 0，这样就没有边框了。

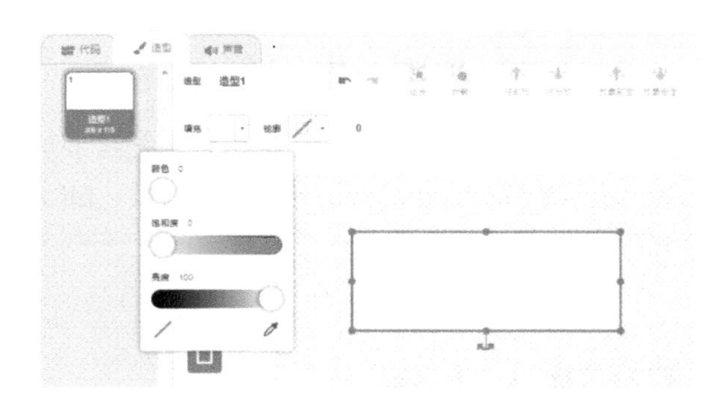

然后选择“T”工具，也就是文本工具，将光标放到刚才拖动出的矩形中，输入所需的提示信息。

接下来，将角色名称改为“Prompt”，我们就完成了这个角色的制作。

第 3 步 选中“Elf”。我们前面提到了，这个故事通过背景切换来驱动，角色在不同背景中采取不同的行为。因此，Elf 的程序比较简单，只要在不同的背景下说不同的话就可以了，如下所示。

注意，这里使用“elf–b”造型，表现出 Elf 面对古堡的神秘气氛的时候，既紧张又兴奋的心态。

第 4 步 选中“Avery”角色，同样，她的程序也比较简单，只是在不同的背景下移动位置，并说不同的话，如下所示。

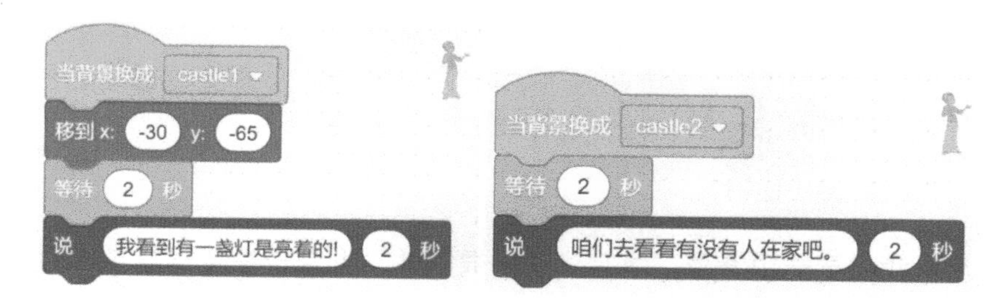

注意，人物角色说话的时间，可以根据说话内容的长短适当调整。

第 5 步 选中“Next Button”，开始编程。首先，这个按钮的作用很简单，就是驱动背景切换，带动故事情节，因此，它每次被点击的时候，就切换为下一个背景。

接下来，处理按钮的显示和隐藏时机。这里需要注意一些细节。程序刚开始运行的时候，先把这个按钮隐藏几秒钟，等人物角色对话结束后再显示它，这样显得情节的推进比较自然。“移到最前面”这个积木，确保了该按钮处于图层的最上层位置，让它总是位于背景和其他角色之前，保证用户可以看到它。当背景变为“castle3”，就到达了故事的最后一幕，这时候就不再需要下一步按钮了，我们就应该隐藏该角色。具体代码如右图所示。

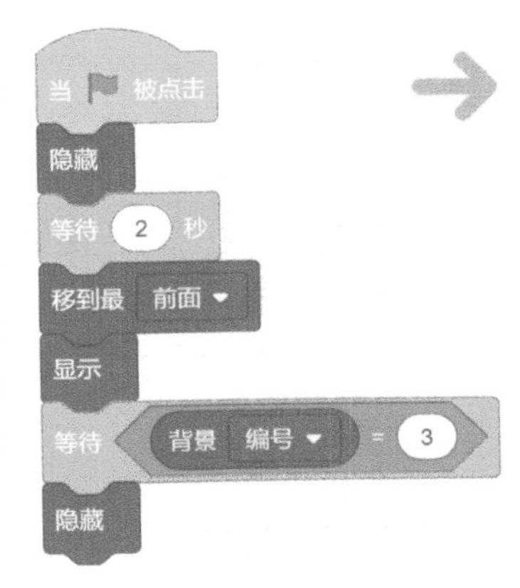

第 6 步 接下来，我们来对“Prompt”角色编程。这是个剧情提示，当程序开始运行时，它是隐藏的，只有当背景变为“castle3”的时候，它才会出现。代码如下所示。

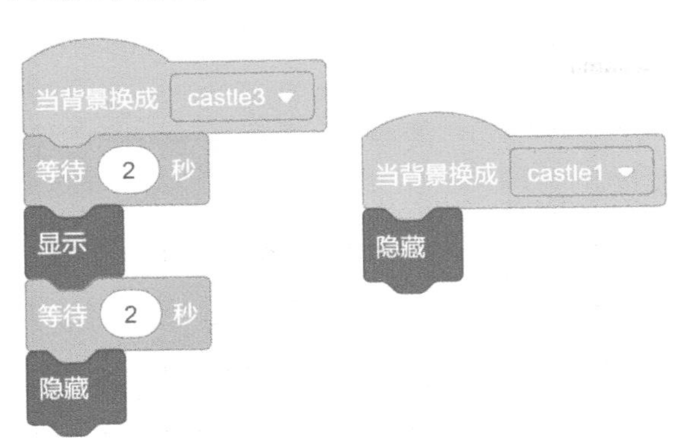

最后，我们要选中背景，编写代码，很简单，当点击绿色旗帜按钮时，换成“castle1”背景就可以了。

好了，到这里，这个项目就完成了。运行一下程序，感受一下这个故事的几个不同场景吧！别忘了点击右下角的箭头按钮哦！

10.4 改进变大变小

在本课的最后的这个项目中，我们来改进一下前面 9.2 节中的变大变小程序，通过使用消息积木，让魔法师把 Elf 变大变小的过程更加合乎于情理。

我们将在 9.2 节的“Elf 变大变小”示例的基础上改进。在之前的版本中，Elf 直接被变小了，然后再恢复原样，这个过程有些太突然了。我们可以修改为，当 Elf 被变小之后，他虽然感到很神奇，但他还是想请求魔法师把自己变回原样；而魔法师在接收到 Elf 想要变回原样的请求之后，才把他变回原样。

第 1 步 打开第 9 课的“Elf 变大变小”程序。选中 Elf 角色，修改其代码。当他被变小之后，先不要马上变回原样，而是在表示惊讶之后，广播一条“请求变回原样”的消息。代码如右图所示。

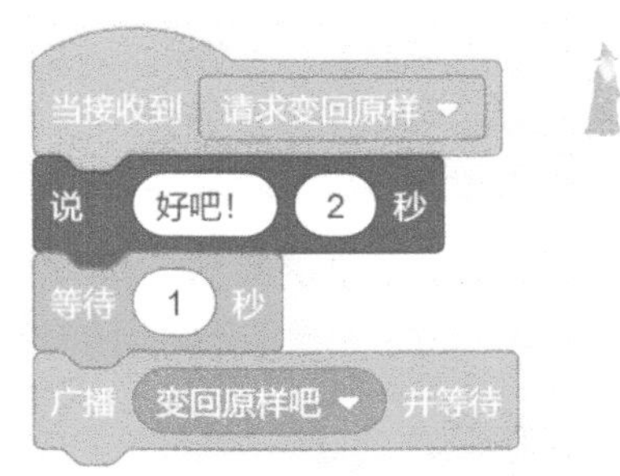

消息就好像我们平常在微信群里发布的一条信息，告知群里的朋友某一信息，或者请求大家去做某件事情。当群里的人接收到消息的时候，就会获取信息，或者按照要求去做相应的动作。我们在 6.2.6 节简单介绍过消息的用法。

第 2 步 选中魔法师，修改代码。当魔法师接收到 Elf 广播的“请求变回原样”消息的时候，决定接收 Elf 的请求，所以，他广播了一条“变回原样吧”的消息。

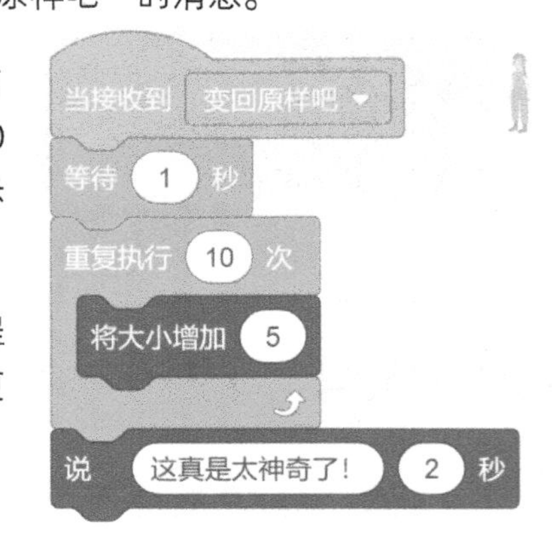

第 3 步 再回到 Elf 角色。添加一段代码，当 Elf 接收到“变回原样吧”消息，通过一个重复 10 次的循环，逐渐将 Elf 变回原来的大小。Elf 表示整个过程很神奇。这段代码如右图所示。

好了，这个项目就到此结束了。现在运行程序来感受一下，Elf 变小变大的整个过程是不是更加流畅而自然了！

我可以把你变小

真的吗？

哦，天哪！快把我变回原样！

好吧！

这真是太神奇了！

第 11 课 添加声音更有趣

11.1 声音积木

正如我们在 6.1.4 节中提到的，动画或者游戏常常需要通过背景音乐来烘托一种氛围，或者通过某种音效来表达一种情绪或状态等。想象一下，如果没有声音的话，我们周围的世界该多么沉闷无趣啊！

在 Scratch 3.0 中，声音积木是控制音符和音频文件的播放和音量的积木。掌握声音积木的用法，并且灵活地运用，我们才有可能编写出生动的、吸引人的 Scratch 3.0 程序。

表 11.1 列出了所有的声音积木。

表 11.1 声音积木

序号	积木	说明
1	播放声音 喵 ▾ 等待播完	播放一个特定的声音并等待声音播放完毕
2	播放声音 喵 ▾	播放一个特定的声音。从下拉菜单中选择声音。该积木会开始播放声音，并立刻执行下一个积木
3	停止所有声音	停止播放所有的声音
4	将 音调 ▾ 音效增加 10	将播放声音的音调或左右平衡增加指定的数值
5	将 音调 ▾ 音效设为 100	将播放声音的音调或左右平衡设置为指定的数值
6	清除音效	清除所有音效

续表

序号	积木	说明
7	将音量增加 -10	用来改变角色声音的音量。你可以为不同的角色分别设定音量；要在同一时间内以不同音量播放两个不同的声音，需要使用两个角色
8	将音量设为 100 %	用来设置角色的音量的一个百分比
9	音量	获取角色的音量，点击（积木旁边的）勾选框可在舞台上显示对应的监视器

11.2 演奏萨克斯

在这一节中，我们先通过一个演奏萨克斯的例子来展示声音积木的使用。

第1步 从背景库添加“Theater2”作为背景。从角色库添加“Saxophone”作为角色。注意，这个萨克斯角色有两个造型，一个表示静止状态，一个表示演奏状态。

第2步 添加声音文件。选择“声音”标签页，点击添加声音按钮，从声音库中依次选择和萨克斯乐器相关的8个声音文件，分别是“A Sax”“B Sax”“C Sax”“C2 Sax”“D Sax”“E Sax”“F Sax”和“G Sax”。

第3步 选中萨克斯角色，开始编写程序。当点击萨克斯的时候，开始演奏，切换其造型，使用播放声音积木块播放一个声音，等待0.25秒，以便切换为播放另一个声音，最后播放完毕后，把萨克斯角色的造型切换回去。代码如右图所示。

这个项目比较简单，现在你就可以运行程序，点击萨克斯角色，欣赏一下它演奏出的音乐了。

11.3 改进追赶游戏

在这一节中，我们来进一步改进海底追赶游戏，给它添加一个背景音乐，并且当章鱼和海星碰撞到一起的时候，也发出一个声音来给出提示。

第 1 步 打开第 9 课中的“海底追赶游戏 V2”文件。打开“声音”标签页，点击声音按钮，选择“上传声音”菜单按钮，从本地素材中添加“oceanchasing.mp3”文件，这个音乐将作为游戏的背景。

第 2 步 从音乐库中添加“Oops”音乐，这个音效将在章鱼和小海星发生碰撞的时候播放。

第 3 步 选中背景文件，开始编写代码，以便在程序开始执行的时候，不断重复地循环播放“oceanchasing.mp3”音乐文件。代码如右图所示。

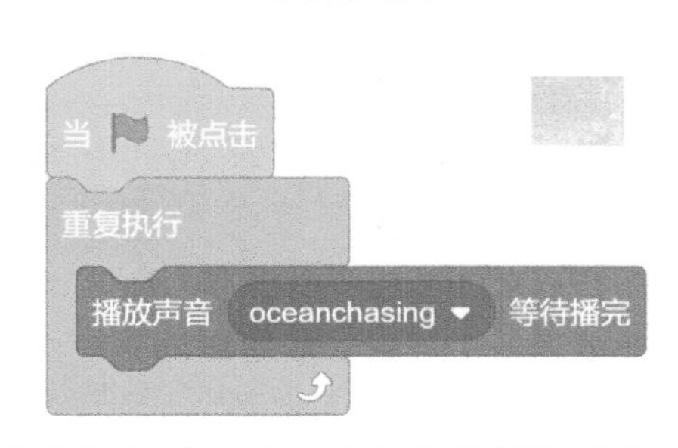

第 4 步 选中小海星角色，修改代码。这里只修改一处，就是在碰撞条件测试之后，如果确定发生了碰撞，将小海星的大小缩小为原来的一半，将角色造型切换为“starfish-b”(这是表示海星受到惊吓的造型)，然后播放“Oops”音乐。等待 2 秒后，别忘了将海星恢复为正常的大小和造型。代码如下所示。

好了，这样修改之后，把文件保存为“海底追赶游戏 V3”。快来运行程序，感受一下，有了背景音乐和碰撞的声音效果，游戏是不是增添了不少乐趣？

第 12 课 控制程序的执行

12.1 控制积木

控制积木包括使用循环重复地执行编程逻辑或执行条件逻辑的积木，以及创建和利用克隆体的积木。循环和条件的概念和作用，我们在 6.2.4 和 6.2.5 节中分别介绍过，可以参阅前面的介绍进行回顾。

表 12.1 列出了所有的控制类的积木。

表 12.1 控制类的积木

序号	积木	说明
1	等待 1 秒	等待指定的若干秒，然后再执行下面的积木
2	重复执行 10 次	重复运行其中的积木若干次
3	重复执行	一遍接一遍地执行装在其中的积木
4	如果 那么	如果条件成立，就运行装在其中的积木
5	如果 那么 否则	如果条件成立，就运行装进“如果”部分的积木；否则，就运行装进“否则”部分的积木

续表

序号	积木	说明
6	等待	等待条件成立时，再执行下面的积木。如果你想让这个积木不断地检查条件，请把整堆积木放到 重复执行直到 积木里
7	重复执行直到	重复执行其中的积木，直到条件成立。检查条件，如果不成立，就执行其中的积木，然后再次检查。如果条件成立，则继续执行后面的积木
8	停止 全部脚本	可以从积木的下拉菜单选择停止“全部脚本”“这个脚本”或“该角色的其他脚本”。其中，停止“全部脚本”相当于使用舞台区的红色停止按钮
9	当作为克隆体启动时	当克隆产生后，告诉它要做的工作。克隆产生之后，会响应程序中所有的这个积木
10	克隆 自己	创建一个指定角色的克隆（临时复制品），从下拉菜单中选择要克隆的角色。注意：（1）克隆最初出现在和角色相同的位置。如果看不到克隆，移动它一下，避免原有角色盖住它；（2）确保在本积木的下拉菜单中选择你想要克隆的角色；（3）克隆仅在项目运行期间存续
11	删除此克隆体	删除当前克隆。把这个积木放在克隆要执行的脚本之后，程序停止时会自动删除所有克隆

其实，我们在前面的课程中已经见到过或者使用过很多的控制积木。在 7.3 节的角色动画中，我们用 重复执行 10 次 积木让鹦鹉飞了起来，为了让鹦鹉飞翔的动作不要太快，我们还在造型切换之间加入了 等待 1 秒 积木块。在 8.5 节中，制作海底追赶游戏的时候，我们使用 重复执行 积木让小海星不断地游动。在 9.5 节中，改进这个小游戏的时候，为了检测小海星和章鱼是否发生了碰撞，我们使用了 如果 那么 积木块。在这一课中，我们将通过几个示例来进一步认识和熟悉其他一些常用的控制积木。

12.2 Elf吵醒恶龙

我们来编写一个 Elf 吵醒恶龙的项目。Elf 独自走进一片森林，恶龙正在森林中睡觉，如果声音（响度）大于 50 的话，就会吵醒恶龙，恶龙将会喷着火向 Elf 扑来，恶狠狠地想要吃掉 Elf。Elf 该怎么办呢?

第 1 步 从背景库添加“Jungle”作为背景。添加“Elf”角色和“Dragon”角色。注意龙有 3 种不同的造型，我们在程序中通过切换造型来表示龙的攻击状态。

第 2 步 先选中龙的角色，开始编写代码。当程序开始运行的时候，恶龙移动到舞台的左上方，切换为“dragon–a”这个比较安静的造型，面朝正右方。然后使用了一个“等待”积木块，当外界声音的响度大于 50 的时候，恶龙被吵醒了。它要吃掉吵醒它的人，开始扑向 Elf，并且换成了喷火的“dragon–c”造型。然后，开始一个重复执行的循环，侦测是否按下了数字键 1、2 或 3。

还记得吧，在 9.4 节中，当 Elf 进山寻宝斗恶龙的时候，魔法师教过 Elf 斗恶龙的魔法，只要按下数字键 1、2 或 3 就行了。如果 Elf 使用了任何一种魔法，恶龙就会切换回“dragon–a”造型，并且停止攻击（全部脚本都停止了，程序退出）。否则的话，也就说如果 Elf 忘记了魔法师教给他的魔法，恶龙就会每次移动 5 步向 Elf 逼近，直到恶龙碰到了 Elf 的时候（发生碰撞），广播一条“Elf 被吃掉”的消息，并且切换回静止的造型。可怜的 Elf！所有的代码如下所示。

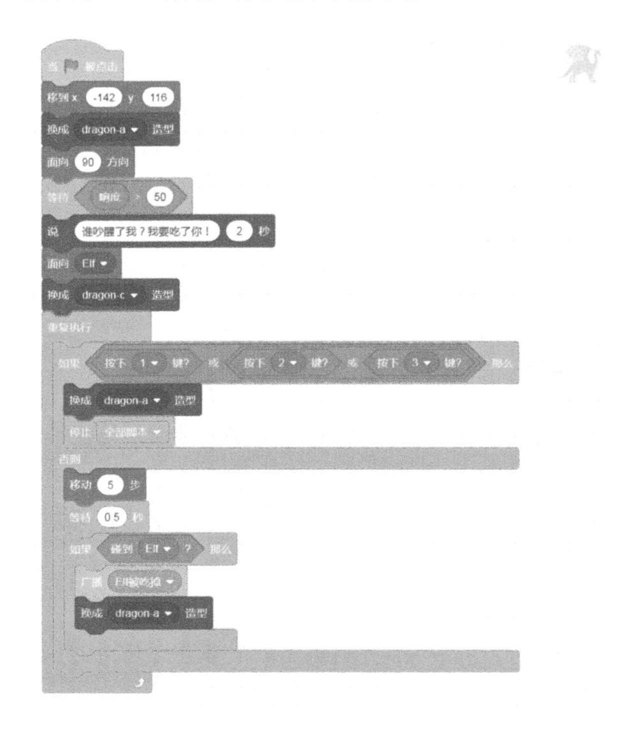

第 3 步 选中 Elf，开始编写程序。Elf 的程序相对比较简单一些。第一段代码，当程序开始运行的时候，Elf 移动到舞台的右下方并且显示出来。然后开始一个重复执行的循环，测试是否按下了数字键 1、2 或 3。如果按下了其中任何一个键的话，Elf 就会施展魔法，让恶龙停顿在空中了。第二段代码，当接收到“Elf 被吃掉”的消息后，隐藏 Elf 并停止所有脚本。所有代码如下所示。

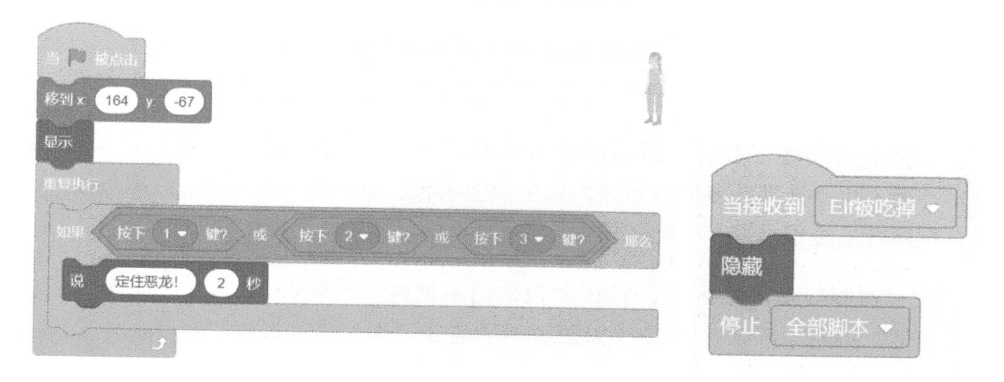

好了，这个程序就编写完了。运行一下程序，看看 Elf 能否记得用魔法对付被吵醒的恶龙。

12.3 克隆的特效

我们在第 6 课中介绍过，克隆的英文是 Clone，意思是完全复制一样的东西。在编写程序的时候，我们经常需要相同角色的多个不同的副本，这些副本都表现出相同的行为方式。例如，要表现下雨，天空中会落下无数多个相同的雨点；要制作大鱼吃小鱼的游戏，大鱼只有一条，但是会有多只小鱼以相似的方式游来游去，并且在碰到大鱼的时候被吃掉。

使用克隆功能，我们可以为任何角色生成一个完全相同的副本，而不用创造那么多的角色并为每个角色编程，这就大大地简化程序开发过程。

当作为克隆体启动时

克隆 自己

删除此克隆体

在“控制”类的积木中，有 3 个积木用来创建、删除和启动克隆体，如右图所示。表 12.1 简要说明了这 3 个积木的用法。

下面，我们通过一个克隆的特效的程序来进一步展示和克隆相关的积木的用法。

第 1 步 绘制一个绿色的圆作为角色，将其命名为“Ball”。

第 2 步 选中绿色圆球角色，开始编写程序。

第一段代码，当程序开始运行的时候，重复执行循环，让绿色小球面向鼠标并跟随鼠标移动，同时克隆自己，每次克隆都把颜色特效增加 1。第二段代码，当作为克隆体启动的时候，重复执行循环，将圆球的大小减小 7%。第三段代码，当作为克隆体启动的时候，等待 0.3 秒就删除此克隆体。所有的代码如下所示。

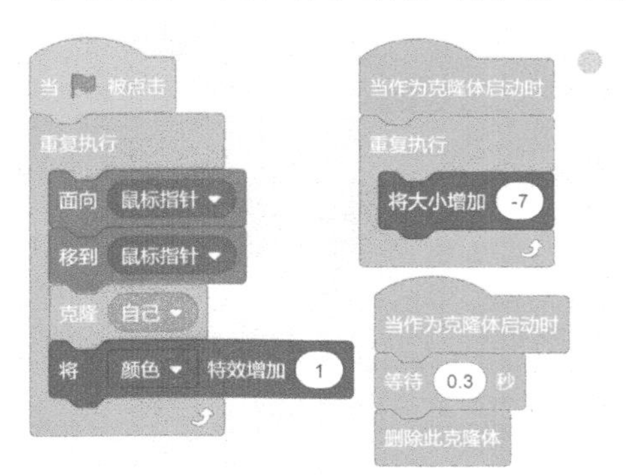

在 Scratch 3.0 中，克隆体的数量是有限的。所以我们在克隆体创建 0.3 秒后，

就将其删去，以保证不会超出克隆体数目的上限，从而能一直不停地创建克隆体。

好了，这个程序非常简单，运行一下程序，移动鼠标，看看克隆积木所产生的效果吧！

想一想，试一试

在克隆特效程序的第三段代码中，为什么要删除克隆体？尝试一下去掉这段代码，会有什么效果？

12.4 Elf魔法变马

在本课的最后一节，我们通过一个小故事来巩固一下克隆积木的知识。Elf 和 Avery 看到了远处的城堡，可他们只有一匹马，没办法骑马到城堡，怎么办呢？Elf 使用魔法变出了一匹同样的马，这样，两个人就可以骑马去城堡探险了。

第 1 步 添加"Elf"和"Avery"两个角色，再添加一个"Neigh Pony"角色。

第 2 步 Elf 和 Avery 角色的程序，主要都是通过说话来推动故事情节。编写他们的程序的时候，只要注意好造型切换和时间衔接就可以了，这里需要用到前面课程的一些知识，在此就不再赘述了。代码分别如下。

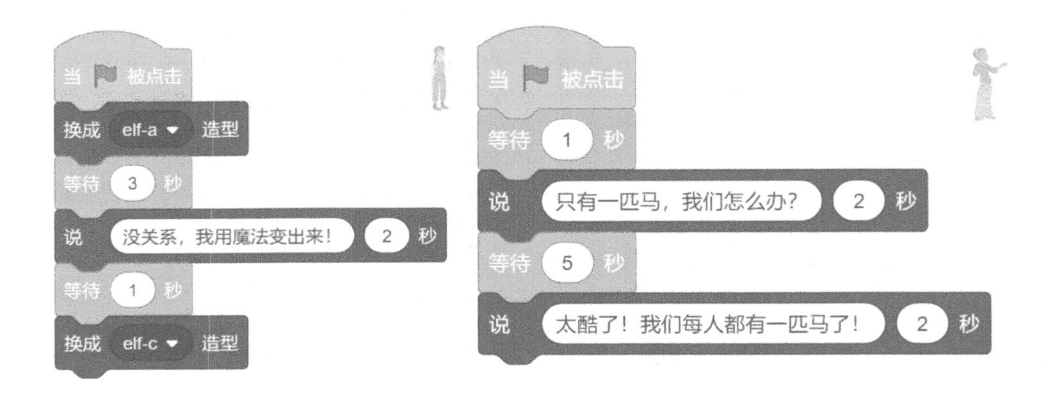

第3步 选择小马角色。它的程序是这个故事的关键。

第一段代码，当程序开始执行的时候，小马移动到舞台中央，等 Elf 和 Avery 完成对话后，小马克隆自己。第二段代码，当作为克隆体启动的时候，被克隆的小马向前移动一步，颜色特效增加 5%，以便和原来的小马稍微有所区分。代码如下所示。

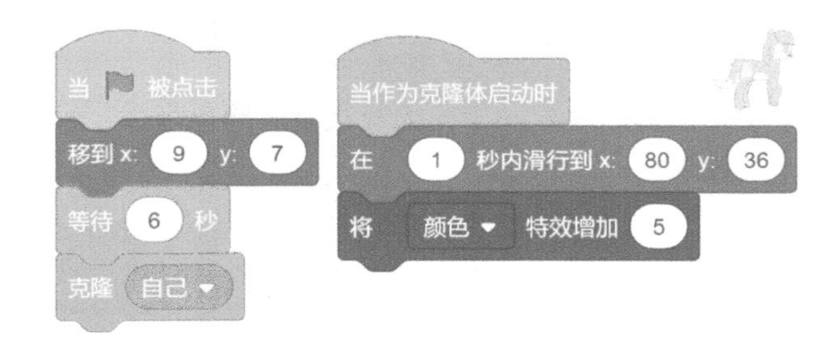

好了，这个故事很简单，但是你可以运行程序，再次体会一下克隆的神奇！

太酷了！我们每人都有一匹
马了！

第 13 课 积木中的侦察兵

13.1 侦测积木

侦测积木用于确定鼠标的位置及其与其他角色的距离，并且判断一个角色是否触碰到其他角色。表 13.1 列出了所有的侦测积木。

表 13.1 侦测积木

序号	积木	说明
1	碰到 鼠标指针 ▾ ?	根据角色是否正在触碰指定的鼠标指针或舞台边缘，来获取一个为真或假的布尔值
2	碰到颜色 ?	根据角色是否接触到一个指定的颜色，来获取一个为真或假的布尔值。点击一下颜色方块后会开启拣色功能，你可以把鼠标移动到舞台上的任意位置取色
3	颜色 碰到 ?	根据角色中第一个指定的颜色是否接触到背景或另一个角色上的第二个指定的颜色，来获取一个为真或假的布尔值。其中第一个指定的颜色是角色本身拥有的颜色，第二个指定的颜色则是其他角色上的某个色块。点击一下颜色方块后会开启拣色功能，你可以移动鼠标到舞台上的任意位置取色
4	到 鼠标指针 ▾ 的距离	获取该角色与鼠标或指定角色之间的距离
5	询问 What's your name? 并等待	在屏幕上显示一个问题，并把键盘输入的内容存放到 回答 积木中，问题以对话泡泡的方式出现在屏幕上。程序会等待用户键入答复，直到按下回车键或点击了对勾
6	回答	获取最近一次使用 询问 What's your name? 并等待 积木获得的键盘输入内容。询问 What's your name? 并等待 提出一个问题并把键盘的输入内容存放到 回答 中。所有角色都可以使用这个答案。要保存这个答案，可以把它存放到变量或者列表中。要查看答案的内容，可以点击 回答 积木旁边的勾选框

续表

序号	积木	说明
7	按下 空格 键?	根据是否按下一个指定的键，来获取一个为真或假的布尔值。通过下拉菜单，可以选择指定各种按键。希望按键（如空格）保持按下时，请使用这个积木，而不要使用 当按下 空格 键
8	按下鼠标?	根据是否按下一个鼠标按钮，获取一个为真或假的布尔值。如果鼠标点击屏幕上的任何地方，获得真值
9	鼠标的x坐标	获取鼠标指针在X轴上的坐标位置
10	鼠标的y坐标	获取鼠标指针在Y轴上的坐标位置
11	将拖动模式设为 可拖动	设置角色的拖动模式，通过下拉菜单选择“可拖动”或“不可拖动”
12	响度	获取从1到100之间的一个数值，表示计算机麦克风的音量。要观察“响度”的内容，请点击“响度”积木旁边的勾选框。注意：要使用这个积木，计算机需要配备麦克风
13	计时器	获取表示计时器已经运行的秒数。要观察计时器的值，请点击积木旁边的勾选框。计时器会持续运行
14	计时器归零	用来将计时器重置（重新归零）
15	舞台 的 x坐标	用于获取舞台或角色的属性信息。通过第一个下拉菜单选择舞台或角色，通过第二个下拉菜单选择所要获取的属性
16	当前时间的 年	获取当前的年份、月份、日期、星期几、小时、分钟和秒。你可以从菜单中选择你想要哪一项。要查看当前时间，请点击当前时间旁边的勾选框
17	2000年至今的天数	获取从2000年以来的天数
18	用户名	获取浏览者的用户名。这个积木会显示当前观看项目的用户名。要保存当前的用户名，你可以把它存放到变量或列表中

在9.5节扩展海底追赶游戏的时候，我们使用了 碰到 鼠标指针 ? 积木来侦测章鱼和小海星碰撞的情况。然而到目前为止，我们所用到的侦测积木还是比较少的，实际上，大多数侦测积木只是提供和角色相关的一些属性信息，在用法上还是比较简单的。在本课中，我们将通过两个示例来认识一些常用的侦测积木的用法。

13.2 声音之花

我们来制作一个声音之花的程序，其中“花儿”的绽放程度会根据外界声音的响度的不同而不同。响度越大，花儿绽放得越大，响度越小，花儿绽放得越小。

第 1 步 从素材中添加“background1.png”文件作为背景。

第 2 步 这个项目的角色需要自行绘制。首先，打开绘图编辑器，用“圆”工具绘制一个圆。将其“填充”设置为蓝色，“轮廓”设置为“0”。最后，在角色列表区，将该角色的名称设置为“Center”，表示这是声音之花居中的圆。

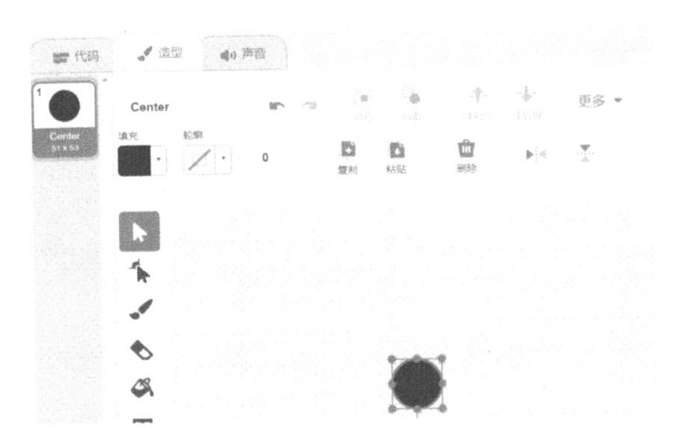

在“Center”角色上点击鼠标右键，复制，创建另一个角色。通过绘图编辑器，将该圆的填充色从蓝色修改为红色，将这个角色命名为“red1”。按照同样的方式，依次创建“red2”“pink1”和“pink2”这 3 个角色。最终的角色列表如右图所示。

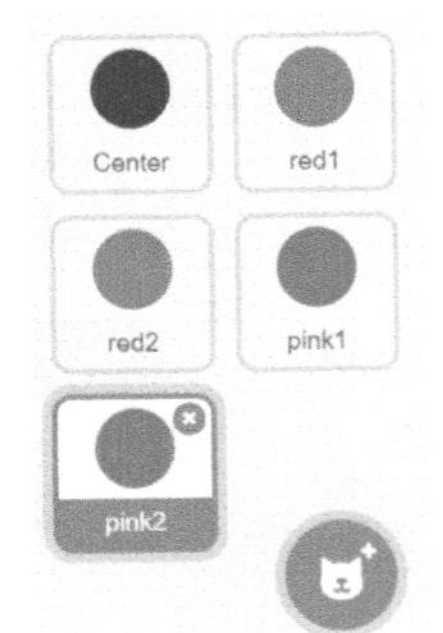

第 3 步 开始编写程序。先选中“Center”角色，对其编程，当程序开始运行的时候，把该角色移动到最前面，并放到舞台中央的位置，将其大小设置为原大小的 125%。代码如右图所示。

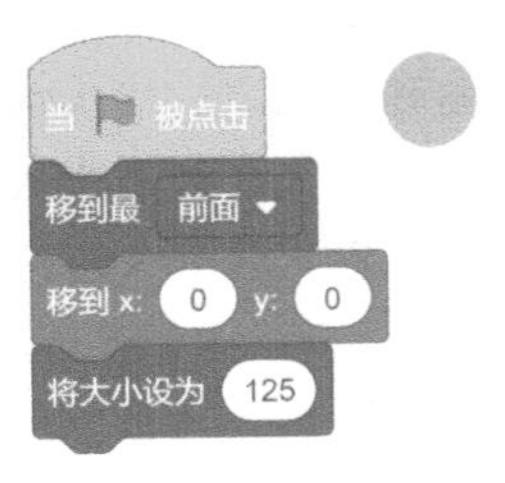

第 4 步 选中“red1”角色，开始编程。当程序开始运行的时候，把这个角色放置到舞台中央的位置，将其 *x* 坐标设置为响度的 6 倍。注意这里用到了一个运算积木（我们将在第 14 课详细介绍运算积木的用法），而这个运算积木之中嵌套包含了一项，它是一个侦测响度积木。这个嵌套积木的效果是，声音越大，这个红色的圆就会向舞台右侧偏离得越远。代码如右图所示。

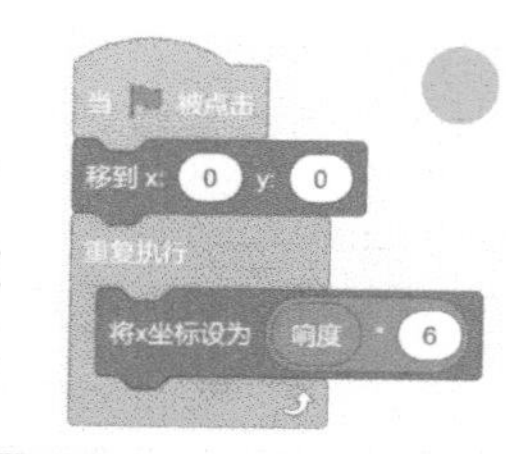

第5步 选中“red2”角色，对它编程。其程序和“red1”角色的程序很相似，只不过其 *x* 坐标是响度的6倍的负值，效果就是，声音越大，这个红色的圆就会向舞台左侧偏离得越远。代码如右图所示。

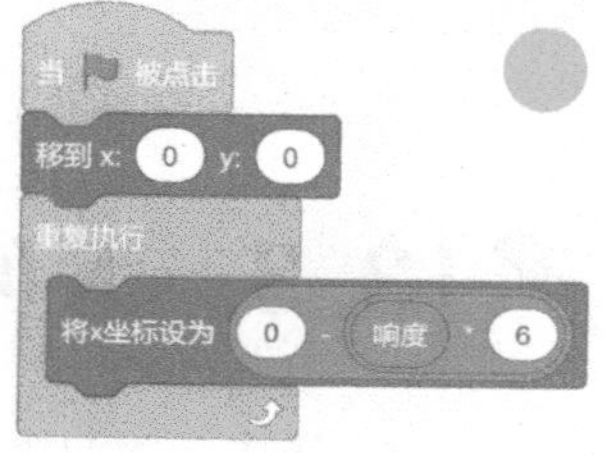

第6步 对“pink1”和“pink2”角色编程。它们的代码和“red1”和“red2”很相似。只不过，要设置它们的 *y* 坐标值，达到的效果是，声音越大，这两个粉色的圆分别会向舞台的上方和下方偏离将越远。代码分别如右图所示。

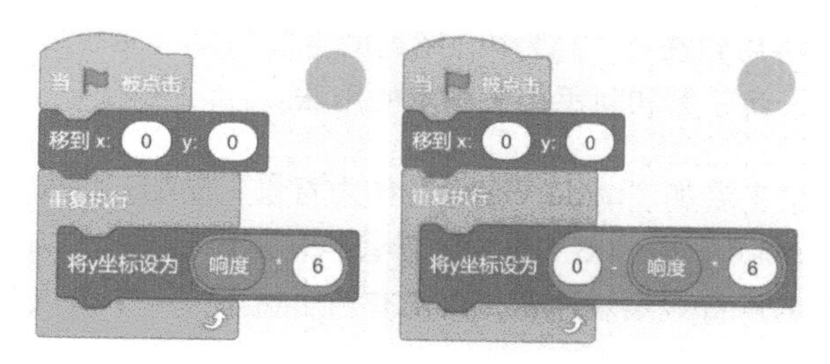

第7步 选中背景，对背景编程。当程序开始运行的时候，根据响度来设置背景的“鱼眼”特效，使得声音之花绽放的视觉效果更加炫目。代码如右图所示。

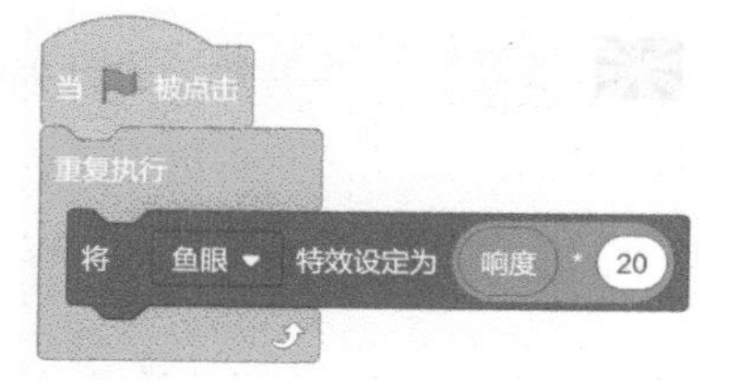

好了，这个项目编写完成了。现在，尝试运行一下，看看声音之花绽放的效果吧！

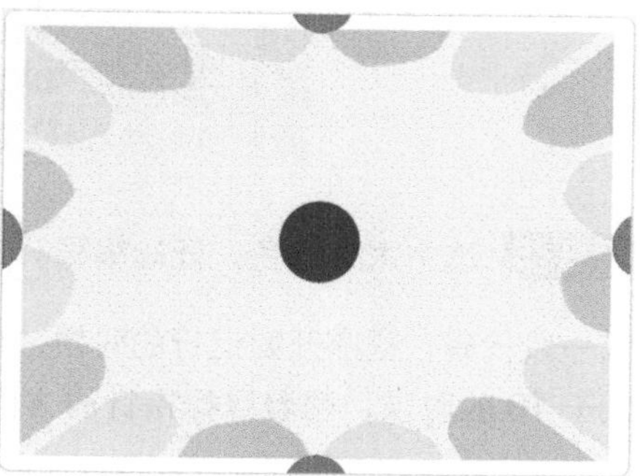

1. 我们的声音之花现在似乎对响度太敏感了，该如何调整呢?
2. 尝试对背景应用其他的特效，感受一下声音之花绽放的其他视觉效果。

13.3 大鱼吃小鱼

在这一节中，我们将编写一个“大鱼吃小鱼”游戏，用到鼠标、碰撞等相关的侦测积木，同时，还将用到在第 12 课中介绍过的克隆积木来生成多条小鱼。通过这个游戏，我们可以进一步了解和熟悉相关积木的用法。

第 1 步 从素材中添加“underwater”作为背景，添加“大鱼”和“小鱼”作为角色；添加“oceanchasing.mp3”作为背景音乐，从声音库中添加“Chomp”声音，表示大鱼吃掉小鱼的声音效果。注意，大鱼有两个造型，一个是张开嘴的造型，一个是闭上嘴的造型，我们会通过造型切换来表示它吃掉小鱼的动作。

第 2 步 选中背景，进行编程，程序一开始运行，就持续播放背景音乐。代码如下所示。

第 3 步 选中大鱼角色，开始编程。

第一段代码，程序开始运行的时候，重复地侦测角色和鼠标指针的距离，当这个距离大于 10 的时候，朝着鼠标指针的方向移动 5 步。我们通过鼠标来操纵大鱼去追赶并吃掉小鱼。

当 被点击
重复执行
如果 到 鼠标指针 的距离 > 10 那么
面向 鼠标指针
移动 5 步

第二段代码，当接收到小鱼广播的“吃到鱼”消息的时候，播放“chomp”声音，并且重复两次切换造型，以表现出吃小鱼的动作和状态。

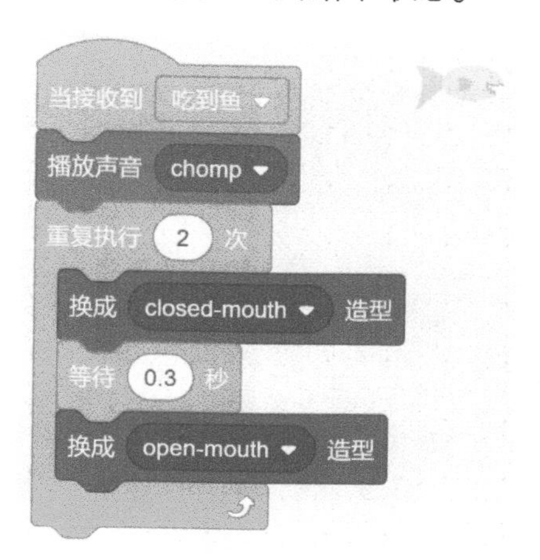

第 4 步 选中小鱼角色，编写代码。

第一段代码，水里的小鱼应该不止一条才好玩。当程序执行的时候，重复执行一个循环 10 次，每次都克隆一条小鱼，然后等待 1 秒钟。代码如右图所示。

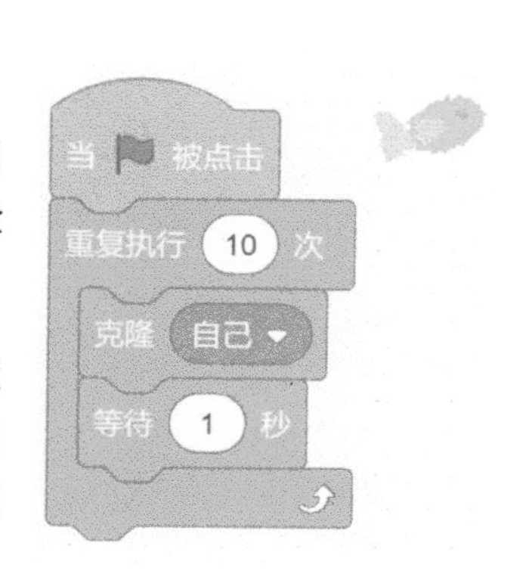

第二段代码，这是体现了程序的主要算法的一段代码。当小鱼作为克隆体启动的时候，移动到随机位置，显示，并且朝向右方。然后重复执行一段代码。在这个循环中，首先是实现随机游动，每次移动 2 步，以 –20 到 20 之间的一个随机度数右转（结果可能是左转，也可能是右转），并且碰到边缘就反弹。其次，侦测红色是否和黑色发生碰撞，也就是小鱼的身体（红色）是否碰到了大鱼的嘴巴边缘（黑色），如果发生碰撞了，就广播一条“吃到鱼”的消息，表示小鱼被大鱼吃到了，当前的克隆体就应该被删除掉。这段代码如右图所示。

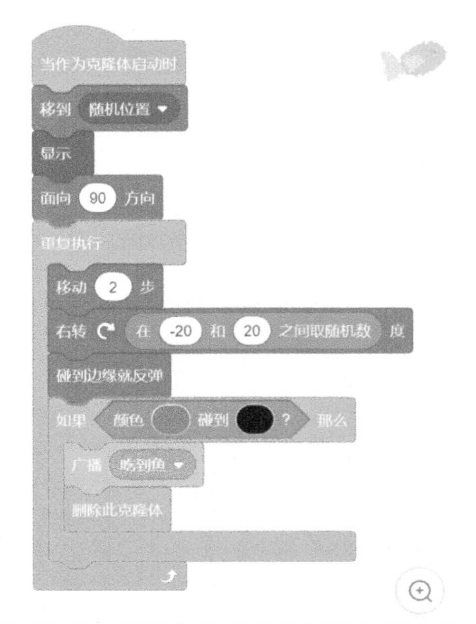

好了，运行一下这个程序，用鼠标操纵大鱼去追逐小鱼吧！把这个程序保存为“大鱼吃小鱼 1.0 版”，随着后面的课程内容，我们还将进一步改进和扩展这个游戏。

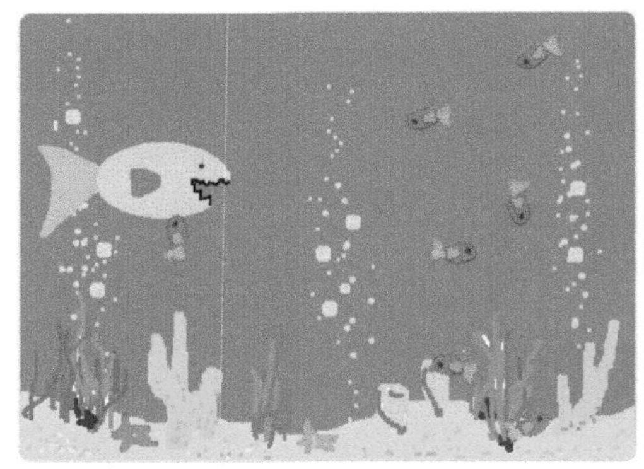

第 14 课　积木中的数学家

14.1　运算积木

运算积木执行逻辑比较、舍入以及其他数学计算。表 14.1 列出了所有的运算积木。

表 14.1　运算积木

序号	积木	说明
1	( ) + ( )	将两个数字相加得到一个结果
2	( ) - ( )	用第一个数字减去第二个数字得到一个结果
3	( ) * ( )	将两个数字相乘得到一个结果
4	( ) / ( )	用第一个数字除以第二个数字得到一个结果
5	在 (1) 和 (10) 之间取随机数	从指定的范围内任意挑选其中一个数值
6	( ) > (50)	根据一个数字是否大于另一个数字，返回一个为真或假的布尔值
7	( ) < (50)	根据一个数字是否小于另一个数字，返回一个为真或假的布尔值
8	( ) = (50)	根据一个数字是否等于另一个数字，返回一个为真或假的布尔值
9	< > 与 < >	根据两个单独的条件是否都为真，返回一个为真或假的布尔值

续表

序号	积木	说明
10	〈 〉或〈 〉	根据两个单独的条件是否都为假，返回一个为真或假的布尔值
11	〈 〉不成立	将布尔值取反，由真变为假或由假变为真
12	连接 apple 和 banana	连接两个字符串，将一个字符串紧接着另一个字符串放置
13	apple 的第 1 个字符	获取字符串中指定位置的一个字符
14	apple 的字符数	返回一个数字，表示字符串的长度
15	apple 包含 a ?	根据一个字符串是否包含另一个字符串或字符，返回一个为真或假的布尔值
16	( ) 除以 ( ) 的余数	获取第一个数字除以第二个数字后的余数部分
17	四舍五入 ( )	获取最接近该数值的整数。该积木把小数四舍五入成整数
18	绝对值 ▾ ( )	返回对指定的数字应用所选择的函数的结果。通过下拉菜单，可以选择所使用的函数

在第 13 课的“声音之花”项目中，在计算坐标的时候，我们用到了 ( ) - ( ) 积木。在第 12 课的“Elf 吵醒恶龙”和第 13 课的“声音之花”项目中，当测量响度的时候，我们用到了〈( ) > 50〉积木。在第 13 课的“大鱼吃小鱼”项目中，小鱼通过 在 1 和 10 之间取随机数 积木实现了随机游动。在第 12 课的“Elf 吵醒恶龙”项目中，我们连续用到了〈 〉或〈 〉来测试 Elf 是否按下了数字 1、2 或 3 键来施展魔法。在本章中，我们将通过“四则运算”程序来展示加减乘除等运算积木，还将通过另一个“健忘的多莉”的示例来展示和字符串相关的运算积木。

14.2 四则运算

四则运算是我们经常要做的数学题目。这个小程序将给出四则运算的题目让用户解答，并且通过得分来记录用户的答题成绩。我们将初次接触和使用得分这个变量，第 15 课还将进一步介绍和展示变量的使用。

第 1 步 从背景库添加“Chalkboard”作为背景。从角色库添加“Glow-1”作为角色，将其角色名改为“numberA”，选中“造型”标签页，依次添加“Glow-2”到“Glow-9”作为“numberA”角色的造型。用同样的方法添加“numberB”角色，它也拥有同样的 9 个造型。从本地素材中添加“sign”角色，这是运算符号，它有 4 个造型，分别对应加、减、乘、除运算符号。再从本地素材中添加“等号”和“问号”作为角色。

这个程序要用到两个变量，分别名为“得分”和“正确答案”。关于如何创建变量，我们将在第 15 课中详细介绍。这里只需要知道，“得分”变量用来记录用户答题的分数，规则是答对一题加一分，答错一题扣一分。“正确答案”变量用来存储当前的每一道题的正确答案，以便通过和用户给出的答案进行比较，确定用户答对了还是答错了。

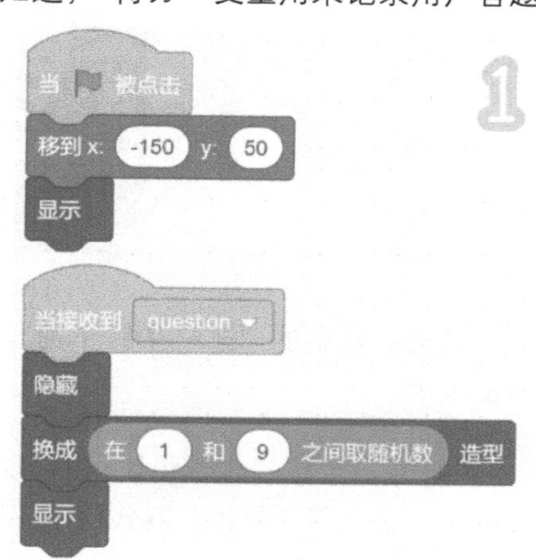

第 2 步 选中“numberA”角色并编写代码。第一段代码是在程序开始运行的时候，移动到舞台的左边并显示。第二段代码是，当接收到“question”消息的时候，先隐藏角色，从 1 到 9 号造型中随机选择一个造型并切换，然后再显示角色。代码如右图所示。

对于“numberB”角色来说，除了移动的位置在舞台上稍微偏中间一些，其他的代码基本上是相同的。这里就不再重复介绍。其代码如下所示。

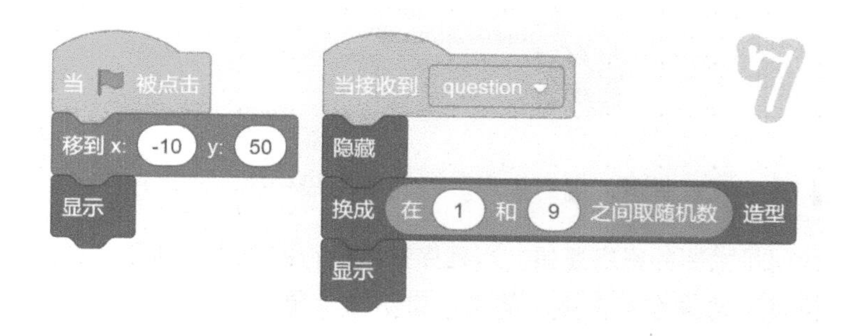

第 3 步 选中运算符号角色，编写程序。

第一段代码，当程序开始运行的时候，移动到两个数字之间的位置，显示符号。第二段代码，当接收到“question”消息的时候，隐藏角色，在 4 种运算符号的造型之间随机选取一个造型，然后显示角色，并且击打牛铃 1 拍，表示题已经出好了。代码如下所示。

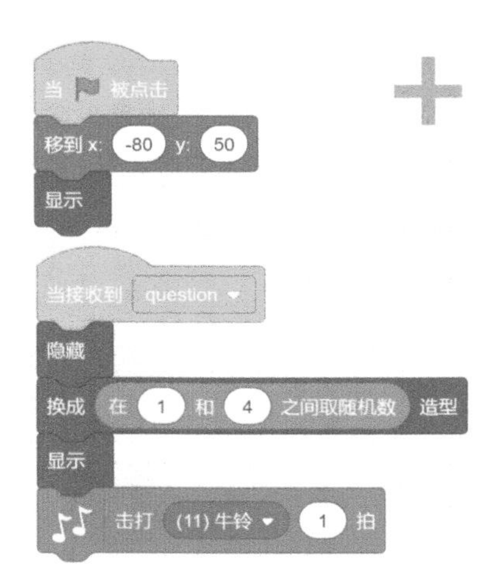

注意，这里的“击打牛铃 1 拍”积木属于音乐类积木，我们将在第 17 课中介绍该类积木。

“等号”角色的代码也比较简单，在程序运行的时候，直接显示到相应的位置就可以了，这里不再赘述。其代码如下所示。

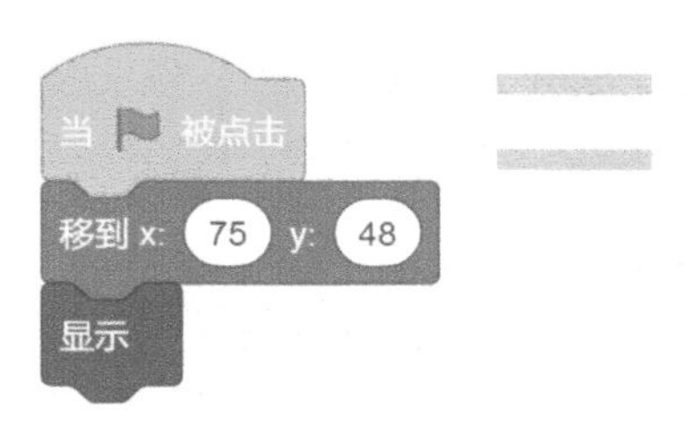

第 4 步 选中问号角色，编写程序。一共有两段代码。

第一段代码是主要的程序逻辑。当程序开始运行的时候，问号首先移动到正确的位置，将“得分”变量设置为零。然后，显示问号角色，并且广播一条“question”消息。接下来，开始重复执行一个循环。在循环中，首先是一个条件，侦测到当鼠标点击问号并且按下的时候，才开始执行后续的程序。然后，测试运算符号是否是除号，如果是除法的话，要请求用户给出答案并且要提示用户，除法的结果最多保留两位小数。如果运算符号不是除号，就直接请求用户给出答案。接着，广播一条“answer”消息并等待用户答题，第二段代码接收到这条“answer”消息后，会负责计算当前题目的正确答案，以便和用户提供的答案进行比对。

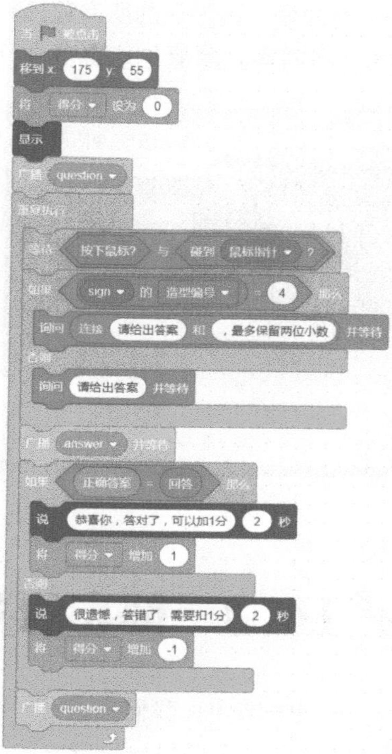

第一段程序剩下的逻辑很简单，将用户提供的解答和正确答案做比较，如果二者相等，将“得分”增加1，否则，将“得分”减去1。最后，广播一条“question”消息，表示可以出下一道题了。代码如右图所示。

第二段代码负责计算当前题目的正确答案。当接收到“answer”消息的时候，根据符号的造型编号来确定是加法、减法、乘法还是除法，并根据运算符号确定正确答案。最后，主要是针对除法的情况，将运算结果进行舍入后，将所得到的整数存入到“正确答案”变量中。

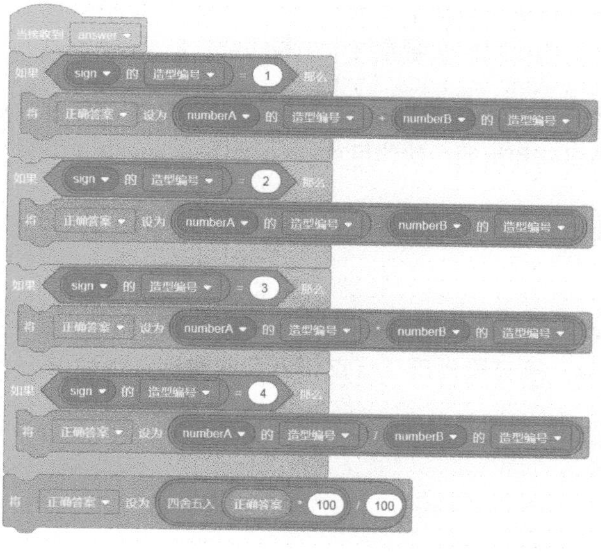

到这里，该项目的所有程序就编写完了。你可以运行一下程序，根据提示的问题给出正确答案，看看你能得多少分吧！

14.3 健忘的多莉

在这一节中，我们来编写一个“健忘的多莉”的小程序，展示一下字符串类运算积木的用法。多莉是一只健忘的小鱼，当她在海底世界中游动的时候，她总是要问身边的小伙伴叫什么名字。由于她的记性不太好，等到小伙伴说出了自己的名字之后，多莉会把对方的名字按照字母挨个地重复一遍，请小伙伴确认。只有这样，她才能记住小伙伴的名字。下面让我们来看看这个小程序吧！

第 1 步 从本地素材中添加“Underwater2”作为背景，添加“Dory”和“Nemo”角色，分别是主角多莉和她的小伙伴尼莫。

第 2 步 选中多莉角色，开始编程。一共有 3 段代码，我们先从比较简单的代码开始介绍。

第一段代码，当程序开始运行的时候，多莉不断地游动，但是当她碰到舞台边缘的时候就会反弹。第二段代码，当点击多莉的时候，她会说“哦，我忘记了”2 秒钟。

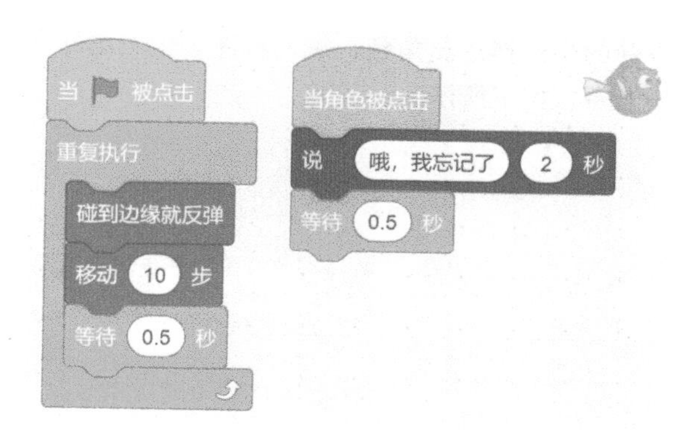

主要的程序逻辑都在第三段代码之中。程序开始运行的时候，多莉首先会和小伙伴打招呼，然后询问对方叫什么名字。得到回答之后，多莉会说出对方的名字，并且说“非常高兴认识你”。可是，健忘的多莉马上就会忘记对方的名字，她只好把名字挨个字母地重复一遍，请小伙伴确认是否正确。注意，这里用到了字符串长度和连接字符串等运算积木。等到挨个字母重复完小伙伴的名字之后，多莉要等待对方确认，如果小伙伴给出肯定的回答，多莉说“哦，我终于记住了”，否则她说“哦，我忘记了”。这段代码如下所示。

```
当 被点击
等待 0.5 秒
说 你好，我叫多莉！ 2 秒
询问 你叫什么名字？ 并等待
将 名字 设为 回答
说 连接 连接 非常高兴认识你 和 名字 和 ！ 2 秒
说 我的记性不太好，你叫： 2 秒
将 计数器 设为 1
重复执行 名字 的字符数 次
    说 连接 名字 的第 计数器 个字符 和 ... 1 秒
    将 计数器 增加 1
询问 连接 名字 和 对吗？ 并等待
如果 回答 包含 是 ? 与 回答 包含 不 ? 不成立 或 回答 包含 对 ? 与 回答 包含 不 ? 不成立 那么
    说 哦，我终于记住了 2 秒
    等待 0.5 秒
否则
    说 哦，我忘记了 2 秒
    等待 0.5 秒
```

第 3 步 选中多莉的小伙伴尼莫角色，编写程序。他的动作和多莉游动的方式基本相同，程序也比较简单，如下所示。

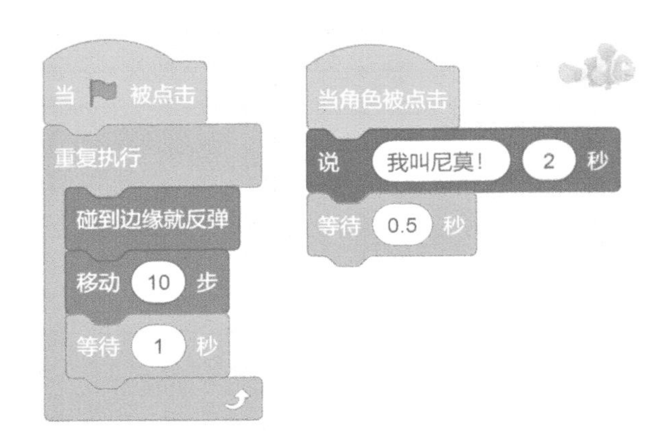

这个程序虽然比较简单，但是它向我们展示了如何使用和字符串相关的运算积木。运行一下，看看多莉能否记住小伙伴的名字吧！

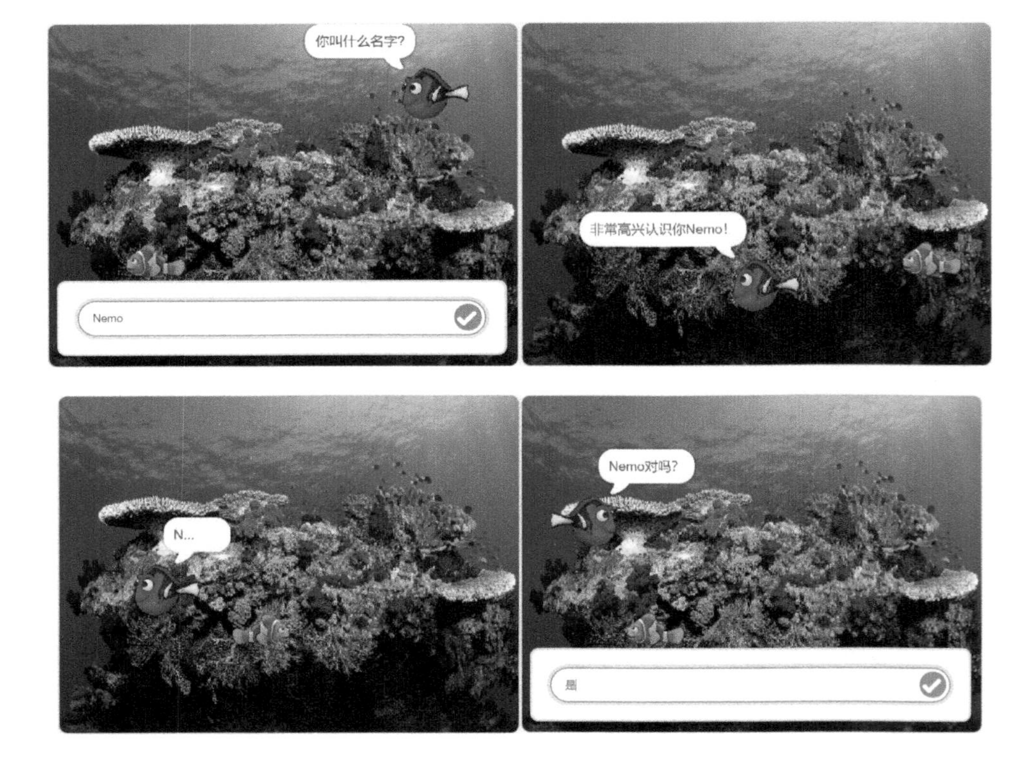

哦，我终于记住了
哦，我忘记了

第 15 课　存储和访问数据

15.1　变量积木

我们在 6.2.1 节介绍了变量的概念，而编写程序实际上就是要让计算机执行一系列的指令，以操作和存储数据。在 Scratch 3.0 中，变量积木就是用来存储或操作数据的。

表 15.1 中的前两项分别可以用来建立变量和建立列表。为了方便说明，我们分别创建了叫作“我的变量”的变量和叫作“我的列表”的列表。表 15.1 的第 3 项到第 7 项列出了 Scratch 3.0 所提供的用于操作变量的所有积木，此后的 12 项列出了 Scratch 3.0 所提供的用于操作列表的所有积木。

表 15.1　变量积木

序号	积木	说明
1	建立一个变量	点击以建立一个新变量。创建一个变量后，就会出现本表中的第 3 项到第 7 项所列出的 5 个积木。当你建立变量时，可以选择变量的适用对象
2	建立一个列表	点击创建并命名一个新列表。当你最初创建一个列表时，会出现这个列表的积木。你可以选择列表是供所有角色使用（全局），还是仅供一个角色使用（局部）。创建一个列表后，会出现本表第 8 项到第 19 项所列出的 12 个积木
3	我的变量	获取变量的内容。要观察变量的内容，点击积木旁边的勾选框。鼠标右键点击读数可以改变显示方式。鼠标右键点击一个变量，可以删除变量或给它重命名
4	将 我的变量 设为 0	用来将变量设置为指定的值
5	将 我的变量 增加 1	用来改变当前变量的值，如果有超过一个以上的变量，可以使用下拉菜单选择其中一个

续表

序号	积木	说明
6	显示变量 我的变量	在舞台上显示变量监视器
7	隐藏变量 我的变量	隐藏舞台上的变量监视器。隐藏变量监视器后，它就不会出现在舞台上了
8	我的列表	获取列表中的所有项目。点击（积木旁边的）勾选框，可在舞台上显示列表的监视器
9	将 东西 加入 我的列表	将指定项目添加到列表末尾，该项目可以是一个数字或一串字母或其他字符。用这个积木在列表最后增加一项
10	删除 我的列表 的第 1 项	从一个列表中删除某一项、修改列表名或者删除该列表。如果有多个列表，可以从下拉菜单选择要对哪个列表进行操作，或者选择对当前列表进行何种操作。从下拉菜单中选择了列表名，就可以直接在后面输入要删除的项目的序号。若选择“修改列表名”，可以将当前列表重命名。若选择“删除X列表”，则可以完全删除该列表
11	删除 我的列表 的全部项目	删除一个列表的所有项目，这个积木的下拉菜单和上一个积木的下拉菜单选项一样
12	在 我的列表 的第 1 项插入 1	在列表的指定位置添加一个项目。在第一个空格中直接输入序号，表示要操作的项目的位置；在第二个空格中输入要作为列表项目插入的内容
13	将 我的列表 的第 1 项替换为 1	替换列表中的某个项目，在第一个空格中直接输入序号，表示要操作的项目的位置；在第二个空格中输入要作为列表项目替换的内容
14	我的列表 的第 1 项	获取列表中指定的项目，输入该项目的序号，指定要获取第几项
15	我的列表 中第一个 东西 的编号	获取列表中第一个内容为“东西”的项的序号
16	我的列表 的项目数	获取列表中的项目数。该积木显示的数字和列表监视器底部显示的长度相同
17	我的列表 包含 东西 ?	获取列表中是否存在指定项目，项目必须精确匹配才会报告条件成立。如果条件成立则获取为真，否则获取为假
18	显示列表 我的列表	在舞台上显示列表监视器
19	隐藏列表 我的列表	隐藏舞台上的列表监视器

在第 14 课的“四则运算”的例子中，我们初次用到了“得分”变量来记录用户答题的得分。在本课中，我们将通过几个示例，来进一步学习如何创建和使用变量和列表。

15.2 抓气球

我们先来看一个简单的抓气球的示例。

第 1 步 从背景库中添加“Hay Field”作为背景。从角色库中添加“Balloon1”作为角色。从声音库中添加“Pop”声音文件，表示气球被点中时发出的声音。

第 2 步 创建“得分”变量。在“代码”标签页下，从左边选择“变量”类积木，点击“建立一个变量”按钮，打开“新建变量”窗口，在“新变量名”栏输入“得分”。我们在 6.2.1 节中详细介绍了如何创建变量，可以参考该节的内容。建立了“得分”变量后，在变量积木中会自动增加和得分相关的积木，如右图所示。

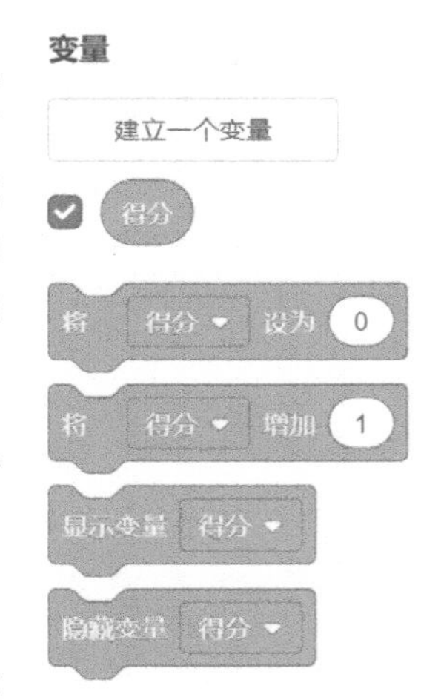

注意,“得分”积木前面的复选框要勾选，我们要让“得分”变量显示到舞台上。

第 3 步 选中气球角色，开始编程。第一段程序，当绿色按钮被点击，程序开始运行的时候，将“得分”变量设置为 0，为开始计分做好准备。然后，开始不断地让气球移动到随机的位置，并等待 1 秒钟。第二段代码，用户可以用鼠标去点击气球，当点中气球的时候，播放“Pop”声音，然后切换到下一个造型，得分增加 1 分。

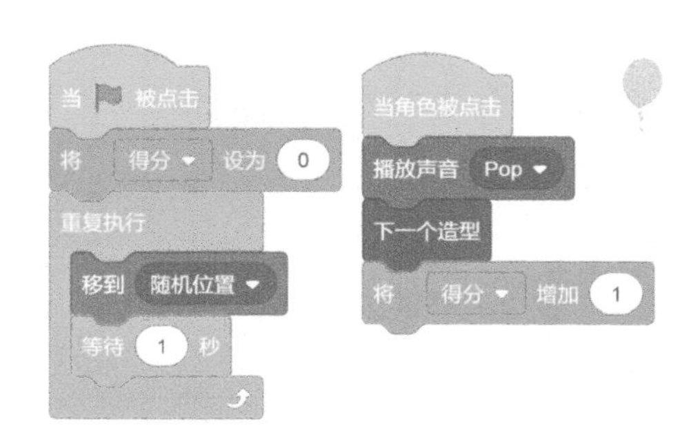

好了，这个程序就这么简单，现在可以运行并尝试用鼠标点击气球，注意气球颜色以及得分的变化。

15.3 改进大鱼吃小鱼程序

我们在第 13 课介绍了“大鱼吃小鱼”的项目，主要是为了展示侦测和鼠标的距离以及侦测碰撞的积木的用法。这个程序还有一些可以改进的地方。例如，我们可以增加变量来统计所吃掉的鱼的数量，以此作为玩家的得分。另外，如果只是通过一个重复 10 次的循环来克隆小鱼的话，小鱼很快就会被吃光，游戏的趣味性就不强了。我们可以创建一个变量并设定一个值，当小鱼的数量小于这个值的时候，就自动开始克隆，从而确保屏幕上的小鱼不低于一定的数量。

让我们来进行这些改进吧！

第 1 步 打开第 13 课中的“大鱼吃小鱼 1.0 版”。创建两个变量，分别命名为“得分”和“小鱼数量”。注意，“得分”变量前面的复选框要勾选，我们要让“得分”变量显示到舞台上。

第 2 步 选中大鱼角色。修改其第一段代码，当程序开始运行的时候，将“得分”变量设置为 0。修改第二段代码，当大鱼吃到一条小鱼之后，在最后把得分增加 1。修改后的代码如下所示。

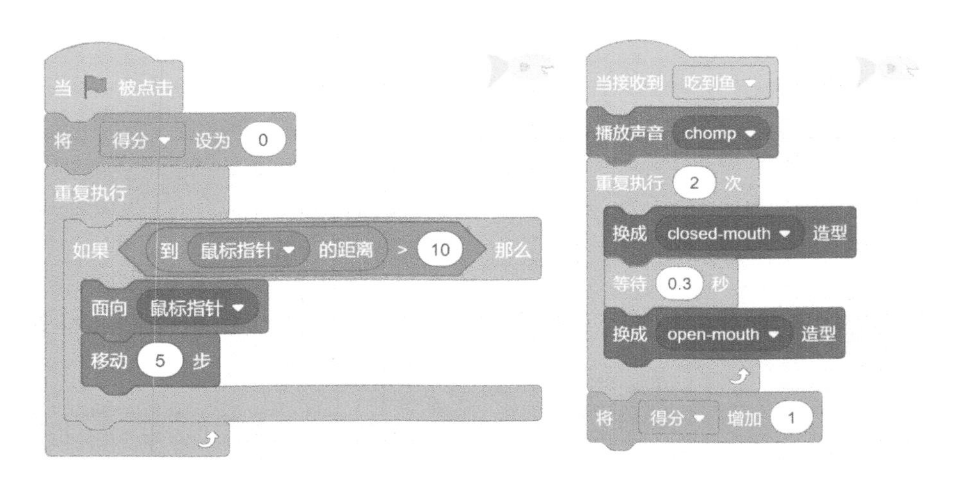

第 3 步 选中小鱼角色，修改其代码。

先来看第一段代码，当程序开始运行的时候，首先将“小鱼数量”设置为 0。然后，开始重复执行一个循环，如果“小鱼数量”小于 5（也就是说，屏幕上小鱼的数目少于 5 条），小鱼角色就克隆自己，然后将小鱼的数量增加 1。

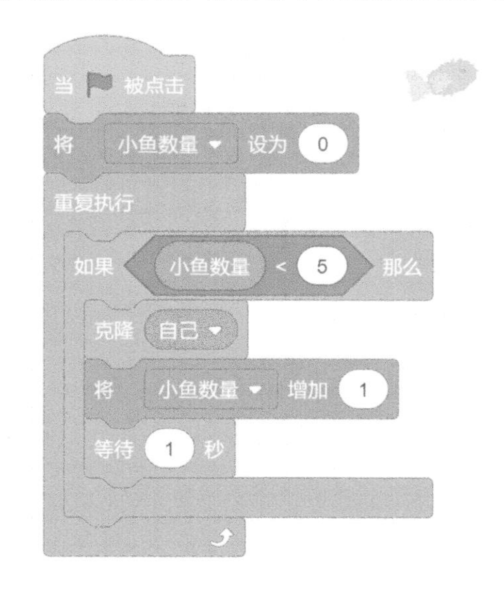

第二段代码只做了一处修改，就是当大鱼和小鱼发生碰撞、小鱼被吃掉的时候，将“小鱼数目”减去 1。代码如下所示。

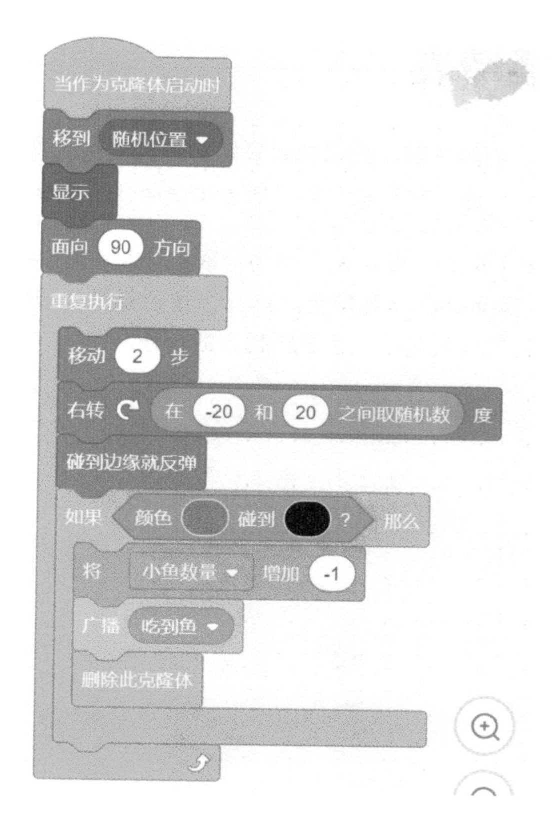

好了，尝试运行这个程序，注意屏幕上的小鱼数目和得分变化。最后，我们把这个程序保存为“大鱼吃小鱼 2.0 版”。

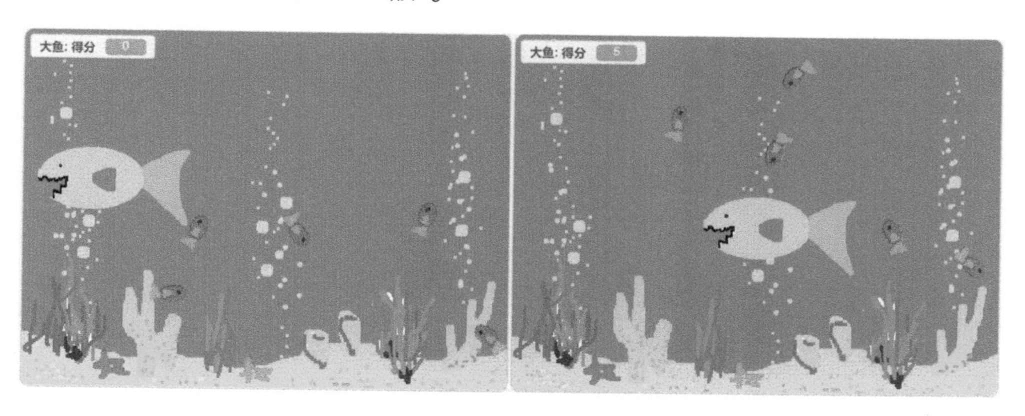

15.4 成绩表

在学校的时候，我们经常要统计同学的学号、姓名和考试成绩。在本节中，我们来看一个成绩表的例子，通过它来学习如何创建和使用列表变量。

第 1 步 从背景库中添加“Blue Sky”作为背景。从本地素材中添加“Add”“Insert”“Delete”“Update”“Search”作为角色。这几个角色都是以按钮的形式出现在舞台上的，当点击某个按钮角色的时候，会进行相应的操作。

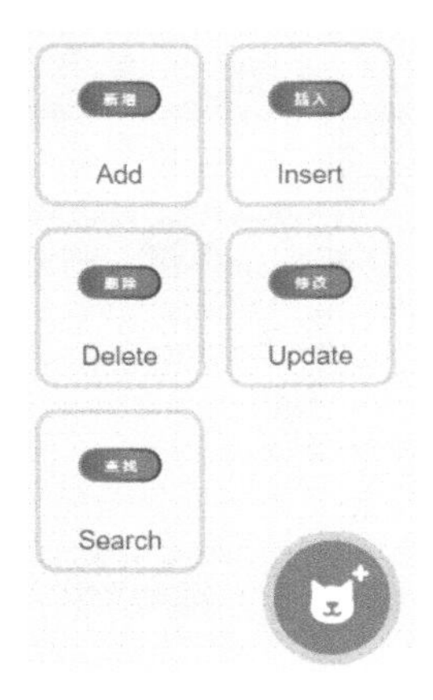

第 2 步 这个程序要用到 4 个变量和 3 个列表，依次创建这些变量和列表，如下所示。

其中，“index”变量用作列表操作的索引，“name”变量、“number”变量和“score”变量分别用来临时存储学生的姓名、学号和分数，这几个变量都是不用显示

的。列表“姓名”“学号”和“成绩”分别用来存储多名同学的姓名、学号和分数，这3个列表需要显示在舞台上，以便及时地展示出点击各个按钮后的相应操作的结果。

第3步 选中“Add”角色，编写代码。当用户点击新增按钮的时候，表示要在列表末尾添加一条记录，首先请用户输入学号，并将输入内容存储到“Number”变量中。接下来，只要“Number”中包含的学号是列表中已经存在的，就请用户重新输入，因为列表中不能有重复的记录。等用户输入了唯一的学号之后，再一次请求用户输入姓名、成绩等数据，并分别存储到“Name”和“Score”变量中。最后，把“Number”“Name”和“Score”变量中的数据，依次存储到对应的列表中。代码如下所示。

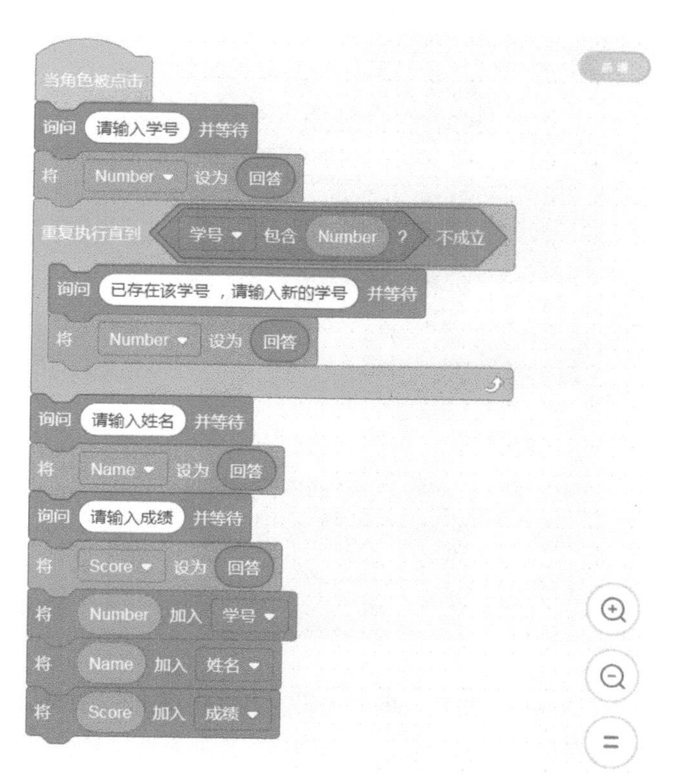

第4步 选中“Insert”角色，编写代码。当用户点击插入按钮的时候，表示要向列表中指定的位置插入一条记录。请用户先指定要插入记录的位置，把这个位置存储到“Index”变量中。接下来继续询问要插入的学号，和新增按钮中的程序一样，要确保用户所输入的学号是唯一的，然后再继续请求输入姓名、成绩等数据，并将用户输入的正确数据存入到“Number”“Name”和“Score”变量中。最后，将“Number”“Name”和“Score”变量中的数据，依次插入到对应的列表的 Index 项之前。代码如下所示。

第 5 步 选中“Delete”角色，编写代码。当用户点击删除按钮的时候，表示想要删除指定的学号所对应的数据。首先，询问用户要删除的记录所对应的学号，并且获取该学号在“学号”列表中的编号，把“Index”变量的值设置为这个编号。如果 Index 的值大于零，分别删除“学号”“姓名”“成绩”列表中的第 Index 项，否则的话，说明“学号”列表中不存在该学号，给出提示信息。代码如下所示。

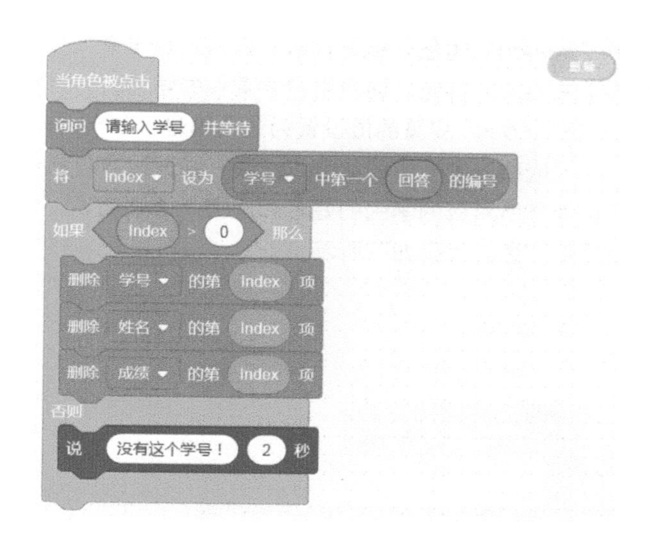

第 6 步 选中"Update"角色，编写代码。当用户点击修改按钮的时候，表示想要修改指定的学号所对应的成绩。首先，询问用户要修改哪个学号的成绩，并且获取该学号在"学号"列表中的编号，把"Index"变量的值设置为这个编号。如果"Index"的值大于零，询问新的成绩是多少（也就是把成绩修改为多少分），并把用户输入的值存储到"Score"变量中，然后，再把"成绩"列表的第 Index 项替换为"Score"变量中的值。否则的话，说明学号列表中不存在该学号，给出提示信息。代码如下所示。

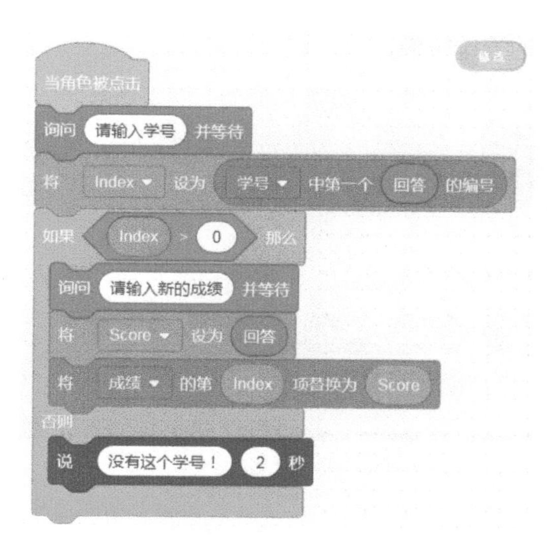

第 7 步 选中“Search”角色，编写代码。当用户点击查找按钮的时候，表示想要查找指定学号的学生记录。首先，询问用户要查找的学号，并且获取该学号在“学号”列表中的编号，把“Index”变量的值设置为这个编号。如果“Index”的值大于零，分别获取“姓名”和“成绩”列表中的第 Index 项，并通过字符串连接积木来组合字符串，以告知用户该学号所对应的学生的姓名和成绩。否则的话，说明学号列表中不存在该学号，给出提示信息。代码如下所示。

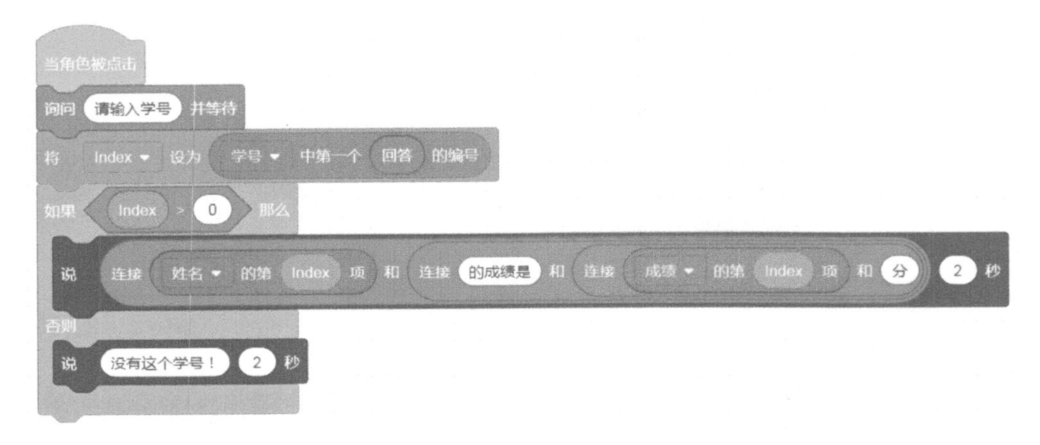

这个程序的关键在于各个按钮角色的代码，每个按钮角色的代码根据各自的操作任务不同，程序逻辑也有所不同。编好了程序之后，你可以运行一下，并尝试输入不同的信息，进行各种操作。尤其是可以尝试输入重复的学号，或者输入不存在的学号，来测试一下对应的操作结果。

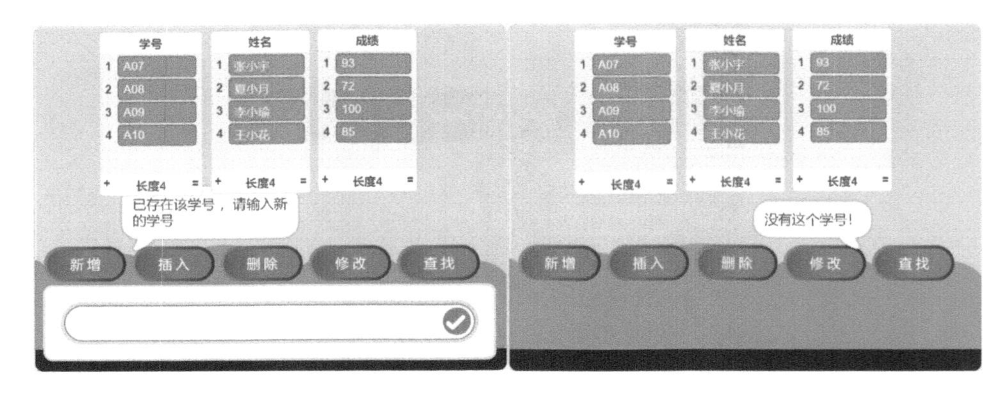

第16课 自己动手丰衣足食

16.1 自制积木

如果 Scratch 3.0 自带的积木无法直接完成你想要实现的任务，先别着急，从积木分类中选择“自制积木”，点击 制作新的积木 按钮，就会打开一个“制作新的积木”对话框，可以输入新建的自制积木的名称，创建一个自制积木。然后，我们可以使用定义来告诉自制积木应该做些什么。自制积木相当于进行信息封装，这样可以复用相同的代码，从而不必每次都编写同样的代码，提高效率，节约时间。

在本课中，我们先来看看如何创建自制积木，然后，通过一个有趣的“Scratch 精彩之旅”的项目，来展示如何使用自制积木。

要创建自制积木，点击“自制积木”分类中的“制作新的积木”按钮，将会出现如下的对话框。

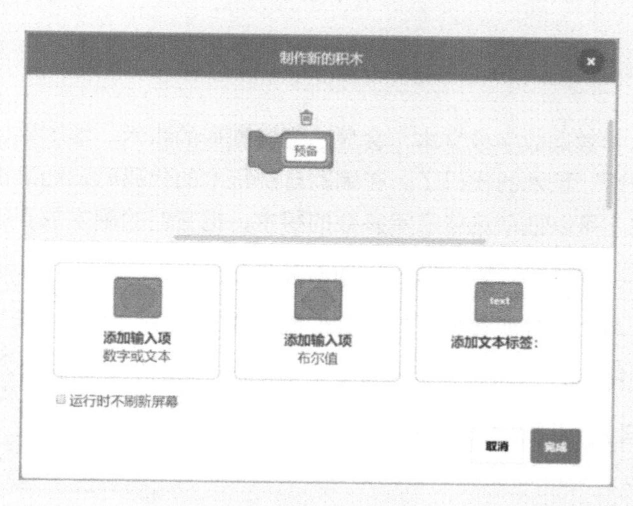

自制积木

制作新的积木

点击上方积木中的空白框来修改它的名字，我们这里给它起个名字叫“预备”。当单击“完成”按钮的时候，新的积木会出现在“自制积木”分类中。

这个自制积木还会出现在脚本中。我们可以定义这个积木要做些什么，比如播放声音。这就好像是定义了一个函数。

我们还可以创建带有参数的自制积木。同样，先要点击“制作新的积木”按钮，我们给这个新的积木块取名为“讲话”。要创建参数，在“制作新的积木”对话框中，点击下方的“添加输入项”按钮，然后选择要添加的参数类型，可以为自制积木添加多个输入参数。例如，这里我们添加了一个文本参数“讲话内容”和一个数字参数“时间长度”，最后点击“添加文本标签”按钮，增加了一个文本标签“秒”。

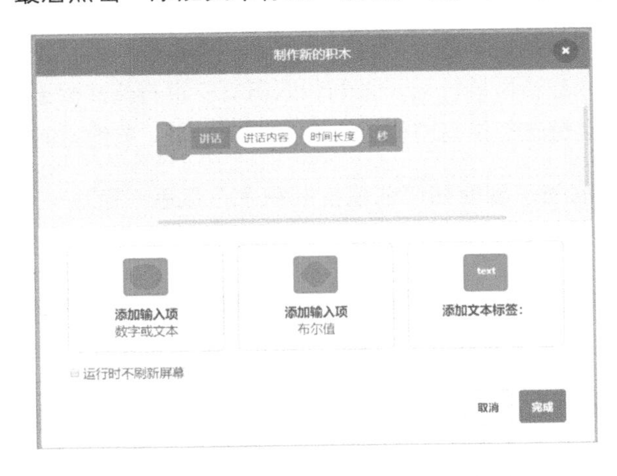

积木的输入参数是数字或文本，会显示为椭圆形的积木。接下来，我们就要定义这个自制的“讲话”积木的代码了。在编写自制积木的代码时，如果在代码的积木中要使用输入参数，可以拖动这些表示参数的积木，把它们的副本放到脚本中的指定位置。如下图所示，说 你好! 2 秒 积木块中的“你好”和“2”框，分别被“讲话内容”和“时间长度”两个参数所替代。这样我们就完成了自制积木“讲话”的定义，就好像完成了一个函数的定义一样。

定义 讲话 讲话内容 时间长度 秒

说 讲话内容 时间长度 秒

定义好了自制积木之后，我们可以调用这个自制积木“讲话”了，它有两个输入参数，一个是作为讲话内容的文本“这里调用的是一个自制积木！”，一个是表示时间长度的数字“5”。调用它的示例和执行后的效果如下图所示。

好了，现在，你应该知道如何制作新的自制积木，如何定义自制积木以及如何调用自制积木了。在下一节中，我们将通过一个有趣的项目，进一步巩固自制积木的知识和学习其用法。

16.2 Scratch精彩之旅

了解了如何创建自制积木，我们通过一个示例来进一步学习如何使用自制积木。这个例子是一个有趣的动画，我们就好像和主人公一起乘坐一列火车，经历了一次 Scratch 3.0 的学习之旅，一路上，我们能够看到所学过的“运动”“外观”“声音”“事件”等各类积木块的名称作为站牌从火车的车窗前飘过，这一定会带给我们很多美好的回忆！

第1步 这个程序有 6 个角色，分别是“Train”“Head”“Landscape”“Clouds”“Signs”和“Thumbnail”。删除掉默认的小猫角色，然后分别从本地素材中添加这些角色。这个程序还有一个轻松有趣的背景音乐“happy travel.wav”，请从本地素材中添加它。

第2步 首先选中背景，编写程序。当程序开始执行的时候，重复地播放背景音乐，给我们的整个旅途增添一种轻松有趣的气氛。代码如右图所示。

```
当 被点击
重复执行
    将音量设为 25 %
    播放声音 Happy Travel 等待播完
```

第 3 步 选中火车角色，来编写程序。这里首先定义了一个“Subtle bounce”的积木，它的作用是模拟火车经过铁轨之间的衔接处时所产生的轻微的上下振动。我们先来看看自制的“Subtle bounce”的程序。它首先广播一条“head bounce”的消息，然后开始重复执行 3 次循环，将 *y* 坐标增加 1；随后再重复执行 3 次循环，将 *y* 坐标增加 –1。也就是说，让角色产生一个轻微上下振动的效果。

第二段代码是火车角色的主程序。当程序开始运行的时候，角色首先移动到舞台居中的位置，然后重复不断地执行一个循环，在这个循环中，调用一次“Subtle bounce”积木，然后随机地等待 1 到 4 秒。这就好像铁轨之间的衔接处的距离是随机的，而每当火车通过这个地方的时候，都会上下轻微地振动一下。

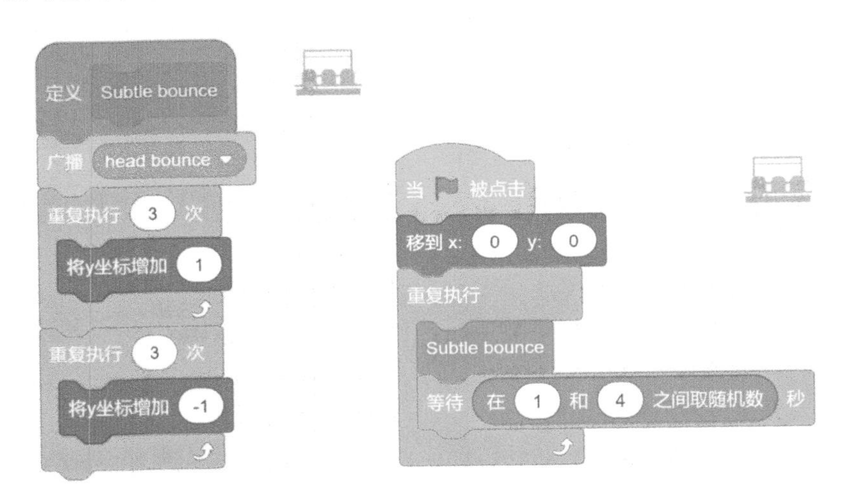

第 4 步 选中乘客头部角色。在开始编程之前，我们先要对这个角色做一些说明。注意，这个角色只是乘客的头部。乘客的身体部分，绘制在了火车角色中，在火车的座位的位置。在程序开始运行的时候，我们只要把头部角色放到指定的位置，和火车角色一起拼接出乘客坐在火车座位上的画面效果就可以了。

此外，头部角色有 4 个造型，分别表示乘客的眼睛从完全睁开到完全闭上的 4 个状态。通过按照一定顺序来切换这几个造型，我们就能够表现出乘客眨眼睛的效果。

头部角色一共有 3 段代码。首先，它定义了一个自制积木“Blink”。在这个 Blink 积木中，首先切换为头部的第 1 个造型。然后，开始执行一个大的循环，而执行的次数是 1 次或两次。在这个大循环中，首先保持头部的第 1 个造型，然后开始一个重复执行 3 次的小循环，每次都将角色切换为下一个造型。这个小循环结束后，又开始一个重复执行 3 次的循环，依次将造型按照与前一个循环相反的顺序切换回去。这样，就有了乘客从睁眼到闭眼、再从闭眼到睁眼的一个完整的眨眼过程，显得非常生动逼真。

第二段代码，当程序开始运行的时候，将头部角色移动到相应的位置，和火车角色完成图像的拼接。然后，换成第一个头部造型，开始眨眼。然后开始不断地执行一个循环，随机等待 1~3 秒，再次眨眼。这种随机时间长度眨眼的效果，会显得比较逼真而自然。

第三段代码，当接收到“head bounce”消息的时候，先切换为第 1 个造型。然后，和火车的振动过程相似，在两个先后执行 3 次的循环中，分别将 *y* 坐标增加 –1 和增加 1。这样就产生了乘客的身体上下晃动的效果。

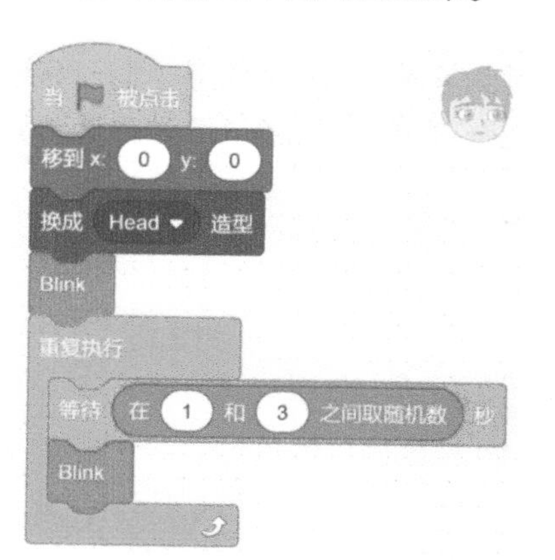

第 5 步 选中风景角色。这个角色有 3 个造型，它们彼此相连，表现出火车车窗外山峦起伏的风景。这个角色有两段代码。

第一段代码，当程序开始执行的时候，先把角色移动到舞台中央，切换为第 1 个造型并显示。然后，克隆自己，并且在 1.5 秒内向左滑动到舞台边界之外，再隐藏自己。接下来，重复执行一个循环，在循环中每间隔 1.2 秒，克隆自己一次。

第二段代码，当作为克隆体启动时，切换为下一个造型并显示。同时移动到舞台之外的最右端，在 1.5 秒内从右向左滑动到舞台中央，然后在 1.5 秒内滑动到舞台边界之外的最左端。最后，删除该克隆体。

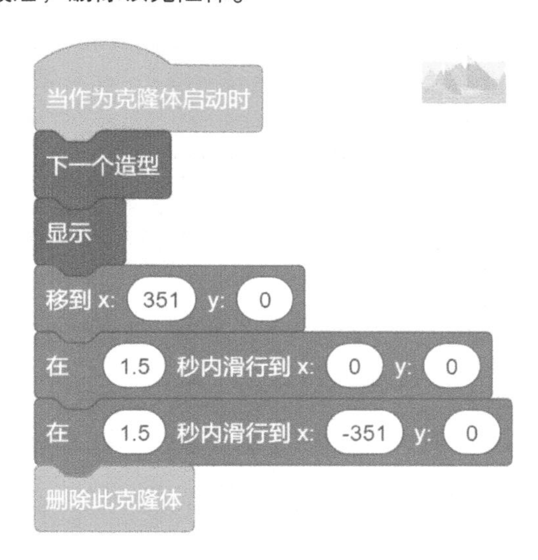

这两段代码执行起来，窗外的风景就连续不断、依次变换地从车窗前飘过。

第6步 只有山峦起伏，没有云出云没的话，车窗外的风景还是不够逼真。白云角色就能够产生出云出云没的效果。这个角色一共有4个造型，分别对应不同的白云形状。白云角色有两段代码。

第一段代码，当程序开始运行的时候，将角色移动到舞台中央并隐藏。然后，开始重复一个循环，在这个循环中，克隆自己，然后随机等待1~3秒时间。

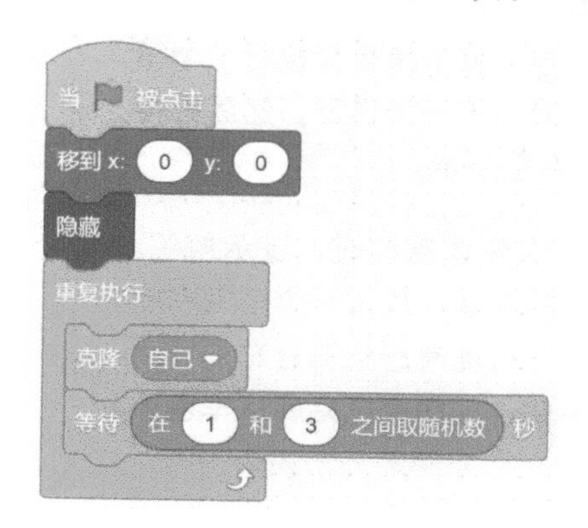

第二段代码，当作为克隆体启动时，先显示角色并将其大小设置为45%，然后，将造型切换为4种造型中的任意一种。然后，移动到一个*x*坐标为230（在舞台边界之外的右端），*y*坐标为159和87之间的随机数的位置（这样使得云朵高低错落地出现，效果更加逼真）。然后，在2秒内平行地滑动到舞台左边边界之外，制造出云朵从车窗前飘过的效果。最后，删除此克隆体。

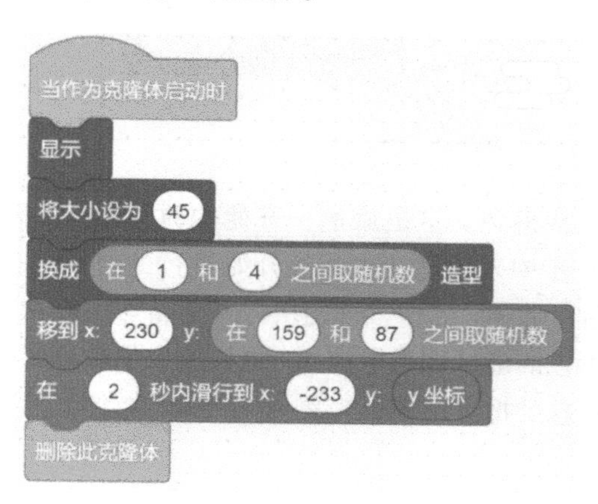

第 7 步 还记得在我们学习 Scratch 3.0 的过程中，介绍了哪些积木吗？下面我们通过站牌角色来回顾一下它们。选中站牌角色。注意，这个角色一共有 9 个造型，每一个造型代表我们学习过的一类积木，这下你不用担心记不住了吧！这个角色有两段代码。

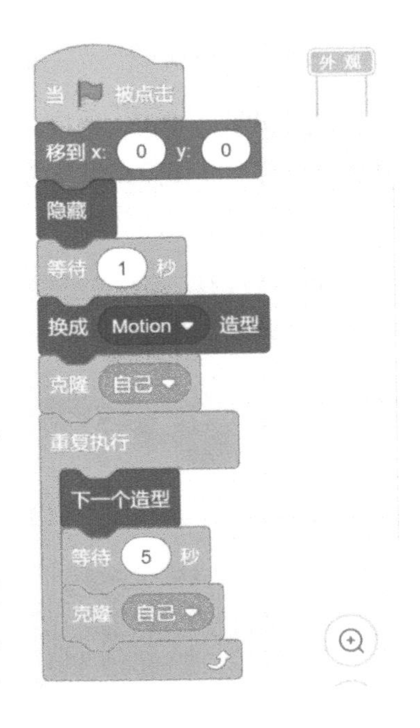

第一段代码，在程序开始运行的时候，先把角色移动到舞台中央然后隐藏。等待 1 秒，切换为角色的第 1 个造型。然后克隆自己，接下来重复执行一个循环。在这个循环中，先切换为下一个造型，然后等待 5 秒，克隆自己。代码如右图所示。

第二段代码，当作为克隆体启动时，显示角色，将其移动到舞台边界之外的右端，放在一个固定高度的位置。然后，在 3 秒内平行地滑行到舞台左边界之外，最后删除克隆体。由此，就创建了站牌从车窗外飘过的效果。

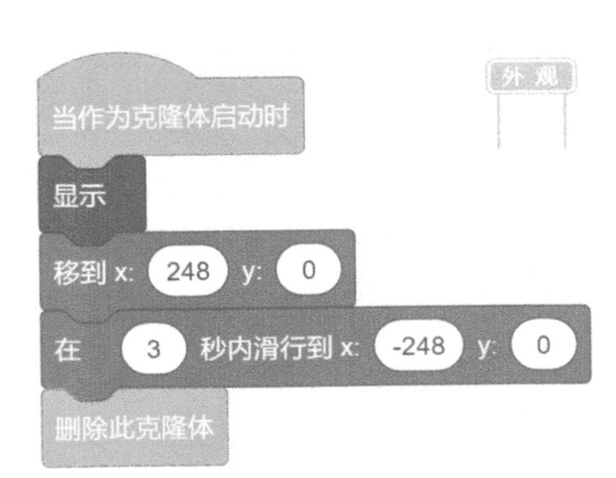

第 8 步 选中片头角色。这是旅途一开始的时候的片头动画。它的程序比较简单，我们放在最后一步中来编写。当程序开始运行的时候，把角色移动到舞台的中央，显示角色。然后，等待 0.2 秒，开始执行一个循环 100 次，在这个循环中，只有一个动作，就是将角色的虚像效果增加 1。这样产生的效果就是，片头先显示，然后逐渐淡出。最后，别忘了把虚像效果恢复为 100%，以便程序下次运行的时候我们能够再次看到片头。

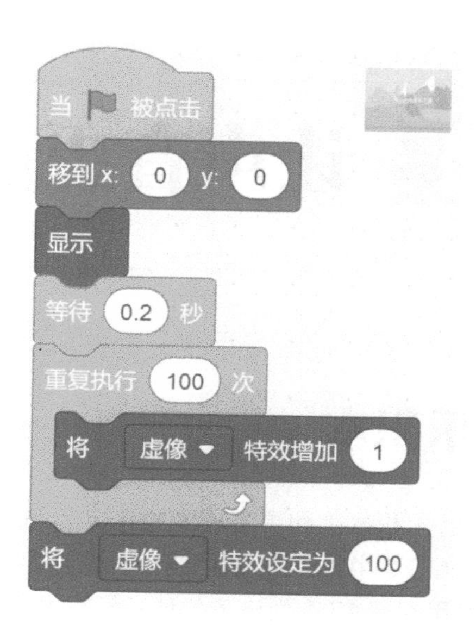

好了，这个 Scratch 精彩之旅项目的程序有点长，不过运行起来效果是非常生动逼真的，而且这个程序还很有趣，它回顾了我们到目前为止的整个 Scratch 3.0 学习之旅。

第 17 课　让声音更美妙

17.1　音乐积木

在 Scratch 2.0 中，音乐积木是和声音积木放在一起的。考虑到初学者比较难以掌握音乐积木，在 Scratch 3.0 中，这种类型的积木放到了扩展积木之中，用户可以根据自己的需要添加并使用。表 17.1 列出了各种音乐积木及其功能说明。

表 17.1　音乐积木

序号	积木	说明
1	击鼓 (1) 小军鼓 ▾ 0.25 拍	操作一个可以打节拍的乐器，并打出指定节拍。从下拉菜单中可以选择要演奏的乐器，从后面的框中可以指定操作该乐器的拍数
2	休止 0.25 拍	休止（停止播放任何声音）指定拍数
3	演奏音符 60 0.25 拍	播放键入的一个 0 到 130 的数字的指定节拍，数字越大音调越高，在后面的框中可以指定音符的拍数
4	将乐器设为 (1) 钢琴 ▾	设置角色执行 演奏音符 60 0.25 拍 积木所使用的乐器类型，点击下拉菜单从中选择乐器
5	将演奏速度设定为 60	用来设置角色的演奏速度（tempo）
6	将演奏速度增加 20	用来改变角色的演奏速度。演奏速度，英文叫作 Tempo ，它的单位是 bpm（beats per minute，每分钟拍数），演奏速度值越大，表示演奏节拍和音符时会越快
7	演奏速度	获取角色的演奏速度（每分钟拍数），点击（积木旁边的）勾选框可以在舞台上显示对应的监视器

在第 14 课的“四则运算”示例中，我们使用了“击打”音乐积木，表示四则运

算的题目出好了，请用户做出解答。在本课中，我们将通过一个乐队演奏的例子，来展示各种音乐积木的用法。

要使用音乐积木，点击 Scratch 3.0 项目编辑器左下角的“添加扩展”按钮，从打开的“选择一个扩展”窗口中，选择“音乐”，在积木类型列表中就会出现“音乐”类别。

17.2 乐队演奏

乐队演奏的项目设计比较巧妙，涉及上下左右按键和空格键等多个按键操作，分别可以发出各个乐器的声音。

第1步 从素材中添加“MakeyMakey”作为背景。从素材中添加5个表示乐器的角色和5个表示不同按键的角色。这个程序的角色较多，各个角色的列表以及在背景中的布局，如下图所示。

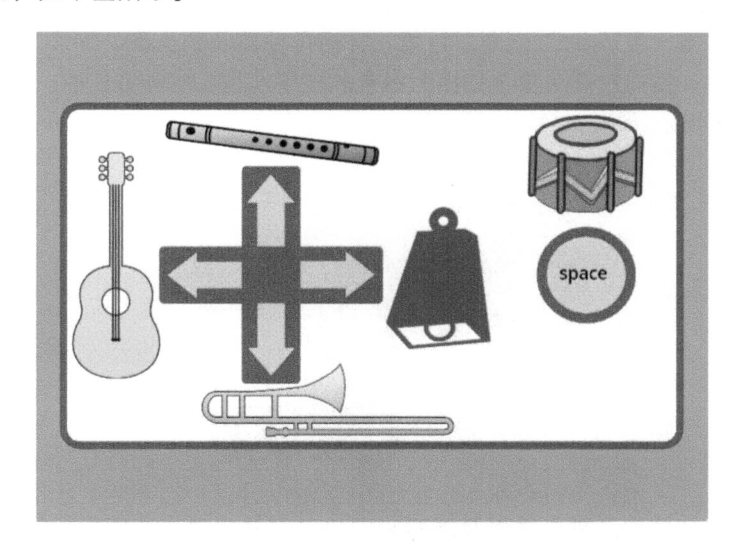

“guitar”“cowbell”“flute”“trombone”“snare drum”角色分别表示吉他、牛铃、木长笛、长号、小军鼓这5种乐器。注意，每种乐器角色都有两种造型，一个是普通造型，表示静止状态，一个是蓝色造型，表示正在演奏的状态。“Up”“Down”“Left”“Right”“Space”角色分别表示上下左右键和空格键，分别对应了控制这 5 种乐器的演奏的方式。每个按键角色也有两个造型，一个是普通造型，表示未按下状态，另一个是绿色造型，表示按下状态。在程序中，我们通过切换角色状态来表示按键按下和对应的乐器的演奏。

这些角色都已经放在了随本书所提供的素材文件中了，直接导入，并按照上图布局其位置就可以了。

第 2 步 完成了背景和角色导入后，我们来开始编程。

首先选中吉他角色，编写它的程序。当接收到“left”消息，吉他切换成演奏造型，然后通过音乐积木将乐器设置为吉他，演奏某个音符 0.5 拍，最后再切换回静止的未演奏造型。代码比较简单，如右图所示。

接下来，我们选中演奏吉他的操作键的角色“Left”，进行编程。代码一共两段。第一段代码，当程序开始运行的时候，角色移动到舞台左侧相应的位置，切换成静止未按下键的造型。第二段代码，当按下向左箭头键的时候，广播一条“left”消息。注意，吉他角色接收到这条“left”消息，就会开始演奏。然后，将向左箭头角色切换为绿色的按下造型，等待 0.5 秒，再切换回静止的未按下的造型。

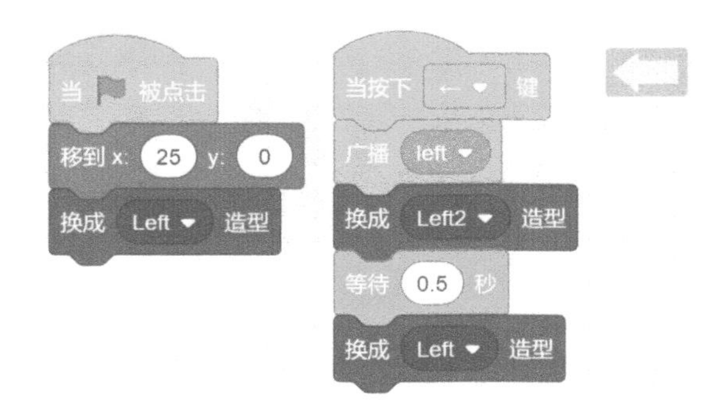

第 3 步 其他的几种乐器以及演奏它们的对应的按键，其代码都是非常相似的。这里不再一一详细介绍，直接给出代码。

牛铃和演奏它的向右箭头角色的代码如下图所示。

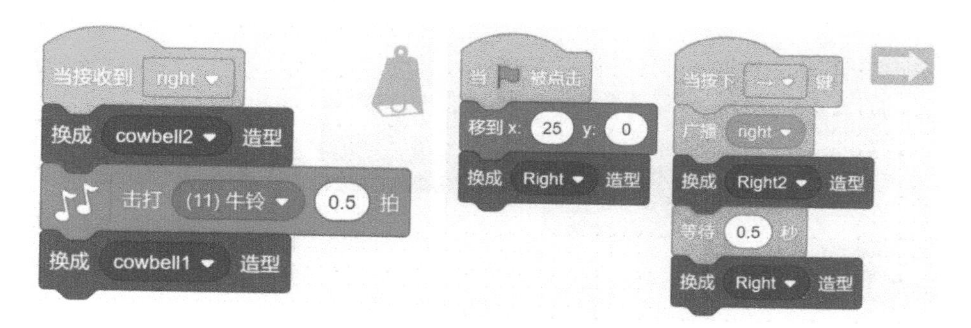

木长笛和演奏它的向上箭头角色的代码如下图所示。

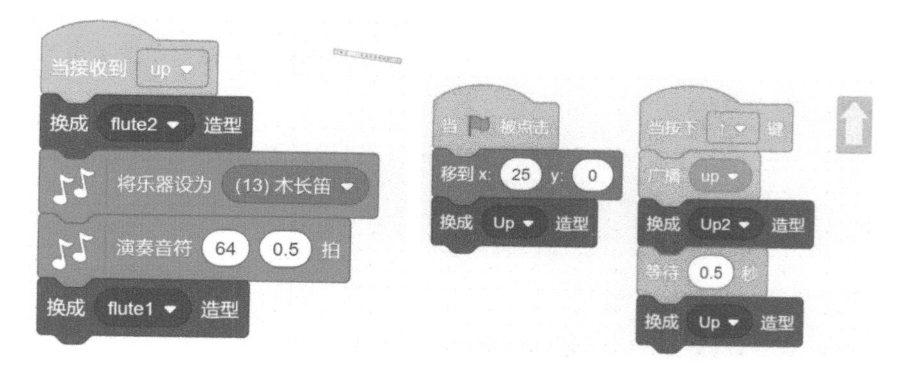

长号和演奏它的向下箭头角色的代码如下图所示。

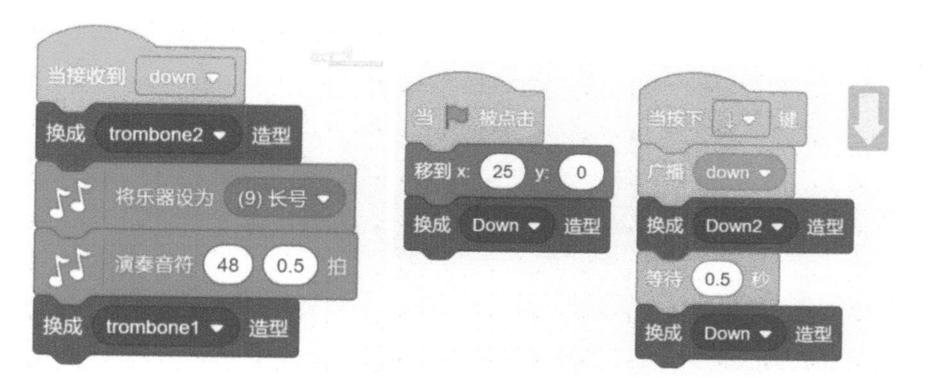

鼓和演奏它的空格键角色的代码如下图所示。

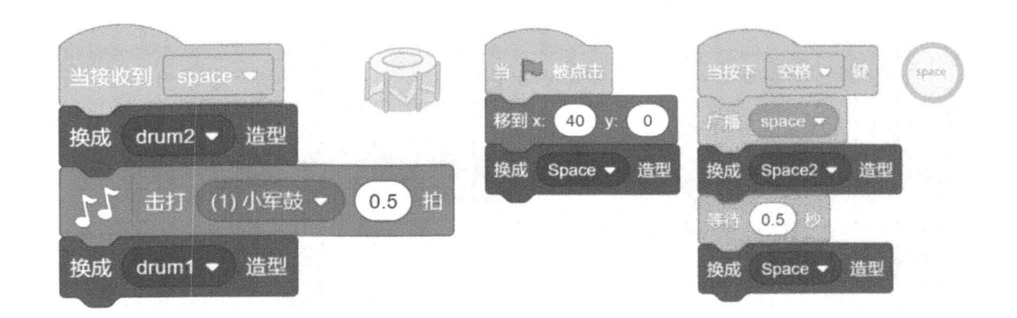

好了，这个程序虽然使用了较多的角色和代码，但整个逻辑并不复杂，整体效果还是相对不错的。运行一下，体会一下乐队的演奏吧！你可以尝试同时按下多个按键，也可以自己在程序中修改所演奏的音符，增加演奏的内容，或者改变演奏的速度。

第 18 课　绘制线条和形状

18.1　画笔积木

画笔积木是可以使用不同的颜色和画笔大小进行绘制的积木。在 Scratch 2.0 中，画笔积木是单独的一大类积木。考虑到初学者比较难以掌握画笔积木，在 Scratch 3.0 中，这种类型的积木放到了扩展积木之中，用户可以根据自己的需要添加并使用。表 18.1 列出了所有的画笔积木。

表 18.1　画笔积木

序号	积木	说明
1	全部擦除	用来清除目前舞台画面上所有的笔迹
2	图章	把角色当成图章，然后在舞台背景上盖章
3	落笔	把角色当作画笔，角色移动时会在背景上留下笔迹
4	抬笔	抬起角色的画笔，角色移动时不会再留下笔迹
5	将笔的颜色设为 ●	根据颜色选择器的选择，设置画笔的颜色
6	将笔的 颜色▾ 增加 10	用来改变画笔笔迹的显示色彩
7	将笔的 颜色▾ 设为 50	设置画笔笔迹的色彩

续表

序号	积木	说明
8	将笔的粗细增加 1	用来改变画笔的粗细
9	将笔的粗细设为 1	设置画笔笔迹的粗细

我们先简单介绍一下图章的概念。图章积木可以把角色当成模板，然后在舞台背景上盖上图章，这样在舞台上就画出一个一模一样的角色。但是，使用图章画出的角色只能显示，不能做任何动作。如果想要清除图章，可以使用全部擦除积木来清除当前舞台画面上所有的画笔痕迹。

画笔是一类相对比较独立的积木，我们在前面的课程中基本上没有使用过。接下来，请点击 Scratch 3.0 项目编辑器左下角的“添加扩展”按钮，添加画笔积木，我们将在本课中通过几个示例来展示画笔积木的功能。

18.2 种树

每年春季，我们都要参加植树活动，来绿化山林，美化我们的生活环境。在本节中，我们使用画笔积木来编写一个种树的程序。

第 1 步 从背景库添加“Jurassic”作为背景。这个背景中只有一些灌木，我们要在这里种下一些树木，给它增添一抹绿色。从角色库添加“Trees”角色，它有两个造型，我们将轮流地种下不同高度的树。从声音库中选择“Boing”声音并添加，作为种树时候的提示音。

第 2 步 选中背景，编写代码。背景的代码非常简单，就是当鼠标在舞台上点击的时候，广播一条“tree”的消息，如右图所示。

```
当舞台被点击
广播 tree
```

第 3 步 选中树角色，编写代码。第一段代码，当程序开始运行的时候，先隐藏角色，然后，擦除掉舞台上的所有的画笔痕迹。第二段代码，当接收到“tree”消息的时候，播放“Boing”声音，并且将角色移动到鼠标所在的位置（表示在鼠标点击的地方种树），然后切换造型，用图章让角色显示在舞台上。代码如下图所示。

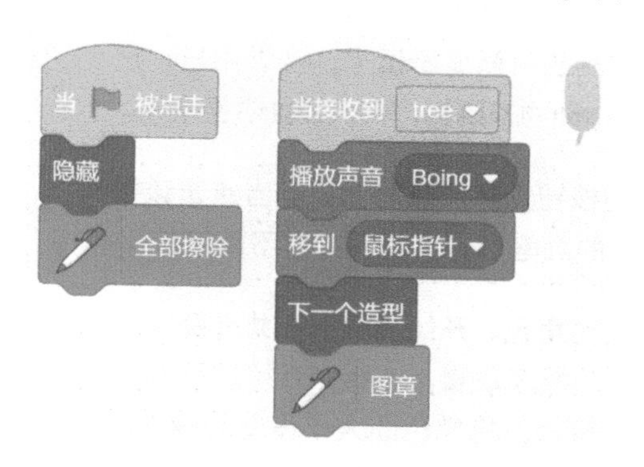

这个简单的程序到这里就完成了。运行一下，快来在沙漠里种下一片树林吧！

18.3 小动物的旋转舞会

我们继续通过一个示例程序来熟悉一下图章的相关积木的用法。小动物要举办一次旋转舞会，我们来看看它们高超的舞技吧！

第1步 从角色库中添加“Gobo”角色，将其角色名修改为“Animal”。然后选中“Animal”角色，点击“造型”标签页，添加“Nano-a”和“Cat 2”作为该角色的造型。从素材中添加“清理”角色。点击角色按钮，从弹出菜单中选择绘制角色按钮，打开绘图编辑器，用文本工具输入“按下空格键，换个小动物”，将其保存为名为“提示”的角色。

第 2 步 先选中“提示”角色，编写代码。这个提示的作用就是在程序一开始的时候显示出来，告诉用户，按下空格键就可以换一个小动物来跳舞，其代码如右图所示。

第 3 步 选中清理按钮角色，编写代码。当点击该按钮的时候，清除舞台上的画笔痕迹。代码如右下图所示。

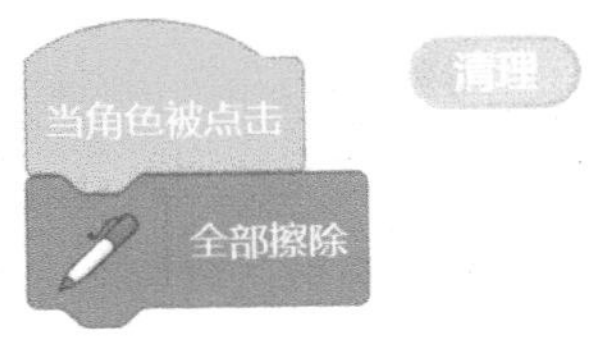

第 4 步 选中小动物角色，开始编程。一共有两段代码。第一段代码是主要的程序逻辑，当程序开始运行的时候，首先，擦除掉所有痕迹，将角色的大小设置为 30%。然后，开始重复执行一个循环。在这个循环中，先使用图章，然后移动 5 步，将颜色特效增加 5%。这是为了让不同的图章图像在位置和颜色上都有所区分。然后，角色面向鼠标指针的方向，在 –30 到 30 之间取一个随机的度数转动（可能是左转，也可能是右转），并且碰到舞台边缘就反弹。这会产生角色图章随着鼠标而旋转移动的效果。

第二段代码非常简单，就是当侦测到空格键按下的时候，将小动物角色切换为下一个造型，即换一个小动物来跳舞。

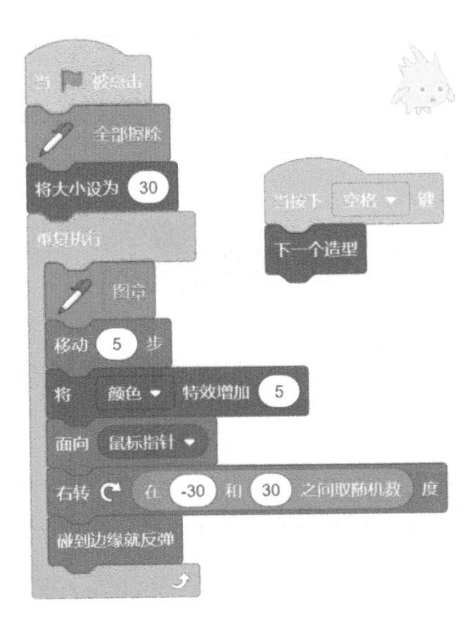

好了，这个程序到这里就结束了。快来运行一下，欣赏一下小动物的舞姿吧！尝试按下空格键和点击“清理”按钮，看看分别有什么作用。

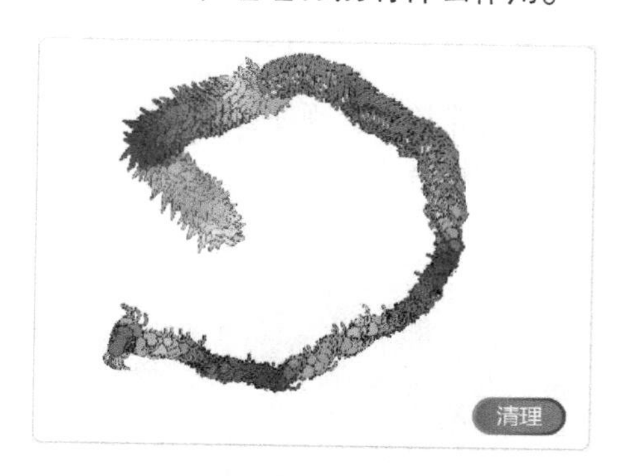

18.4 旋转的小乌龟

小乌龟虽然没有参加旋转舞会，可它也是跳旋转舞的高手哦！在这个小节中，我们编写一个小程序来让小乌龟旋转，不过这一次，我们不再使用图章积木，而是使用其他的画笔积木来绘图。

第1步 删除掉默认的小猫角色。从本地素材中导入“turtle”角色。

第2步 新建两个变量，“step-size”变量和“angle”变量。其中，“step-size”变量用来存储小乌龟前进的步数，“angle”变量用来存储小乌龟旋转的角度。

第3步 选中小乌龟角色，开始编程。它只有一段程序。当程序开始运行的时候，先擦除舞台上的所有绘图痕迹，然后设置画笔的粗细，初始化“step-size”变量和“angle”变量，并将小乌龟移动到舞台的中央。

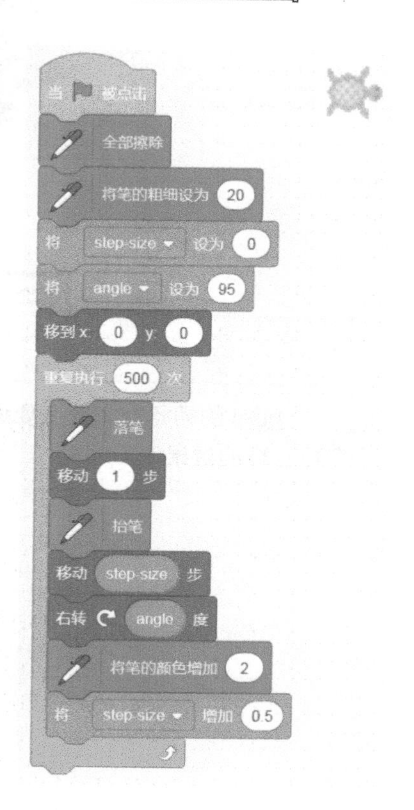

接下来，执行一个循环 500 次，在循环中，首先落笔开始绘图，先移动 1 步，然后抬笔。接下来，移动“step-size”的步数，并右转“angle”的角度。将画笔颜色增加 2，将“step-size”增加 0.5，然后开始下一次循环。

这个程序就是这样，代码非常简单。现在尝试运行一下，虽然我们没有使用图章积木，但小乌龟还是学会了跳旋转舞。

想一想，试一试

angel 的初始值为什么要设置为 95？试一试，如果设为其他的初始值，会有什么样的效果?

第 19 课 使用摄像头来侦测运动

19.1 视频侦测积木

在 Scratch 2.0 中，视频侦测积木是和侦测积木放在一起的。考虑到初学者比较难以掌握视频侦测积木，在 Scratch 3.0 中，这种类型的积木被单独拿了出来，放到扩展积木之中，用户可以根据自己的需要添加并使用。表 19.1 列出了各种视频侦测积木。

表 19.1 视频侦测积木

序号	积木	说明
1	当视频运动 > (10)	当视频运动大于某一个数值的时候，执行下面的程序
2	相对于 (角色 ▾) 的视频 (运动 ▾)	侦测摄像头所提供的视频相对于角色或舞台的运动幅度或运动方向
3	(开启 ▾) 摄像头	开启或关闭摄像头
4	将视频透明度设为 (50)	设置视频的透明度，数值愈大，影像愈透明；反之，数值愈小则影像愈不透明。因为背景是白色，所以愈透明也意味着白色愈明显，也就是愈亮；愈不透明则看起来愈暗

要使用视频侦测积木，点击 Scratch 3.0 项目编辑器左下角的“添加扩展”按钮，从打开的“选择一个扩展”窗口中，选择“视频侦测”，在积木类型列表中就会出现“视频侦测”类别。需要注意的是，要使用视频侦测积木，你的设备需要有摄像头并且要打开它。

在本课中，我们通过几个项目示例来展示视频侦测积木的用法。你会发现，有了视频侦测积木，我们可以开发带有体感功能的游戏和程序，一下子就增添了趣味性。

19.2 打气球

在这一节中，我们来编写一个打气球的例子。其中，不同颜色的气球在舞台上随机移动，当摄像头侦测到你触碰气球的动作的时候，气球就会发出爆炸的声音并且会消失。

第 1 步 从背景库中添加“Hey Field”背景。从角色库中添加“Balloon1”角色。

第 2 步 选中气球角色，开始编写程序。气球一共有两段代码。

第一段代码，当程序开始运行的时候，打开摄像头，将视频的透明度设置为 20。然后重复执行一个循环，不断地把气球移动到一个随机位置。

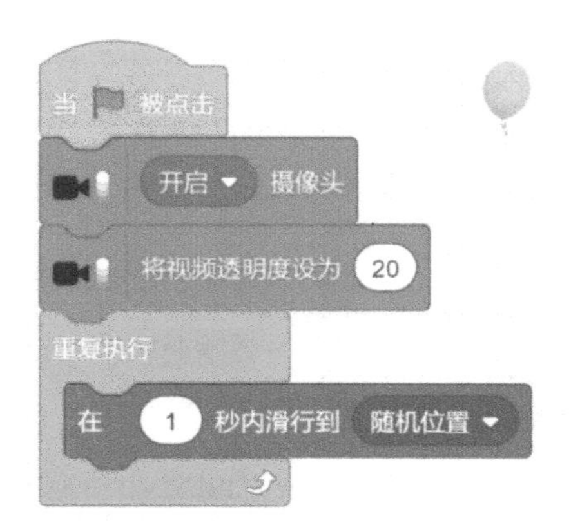

第二段代码，当视频的运动大于一定程度的时候（大于 50），播放“Pop”声音表示气球破裂，然后重复执行一个循环 10 次，每次将气球减小 10%，循环结束后，将气球隐藏。随后，将气球移动到一个随机位置，将其大小恢复为 100% 并切换为下一个造型，等待 1 秒钟，然后显示它。代码如下图所示。

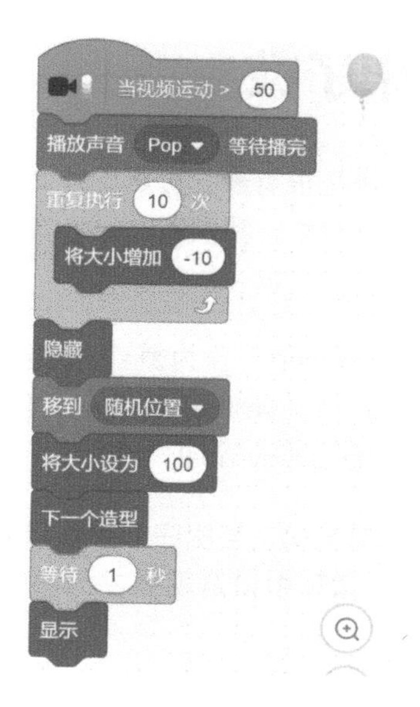

这个示例非常简单，但是它展示了视频侦测积木最基本的用法。尝试一下用你的动作去打气球吧！

想一想，试一试

你能够给这个游戏添加一个得分项，来统计打掉的气球的数目吗？

19.3 演奏架子鼓

通过摄像头来打气球，是不是很有趣。可是还有更有趣的事情呢！我们还可以通过摄像头来演奏架子鼓。在这一节中，我们通过一个演奏架子鼓的程序来进一步展示视频侦测积木的用法。

第1步 从背景库添加“Concert”作为舞台背景。删除掉默认的小猫角色，从角色库添加“Drum-kit”和“Drum-cymbal”这两个角色，分别代表架子鼓的鼓和钹。添加“Drum Bass1”声音和“crash cymbal”声音，分别表示鼓的声音和钹的声音。

第2步 选中鼓角色，编写代码。当程序开始运行的时候，首先开启摄像头。然后开始执行一个循环，在这个循环中侦测视频中的动作的运动幅度，如果大于20，就播放敲架子鼓的声音。

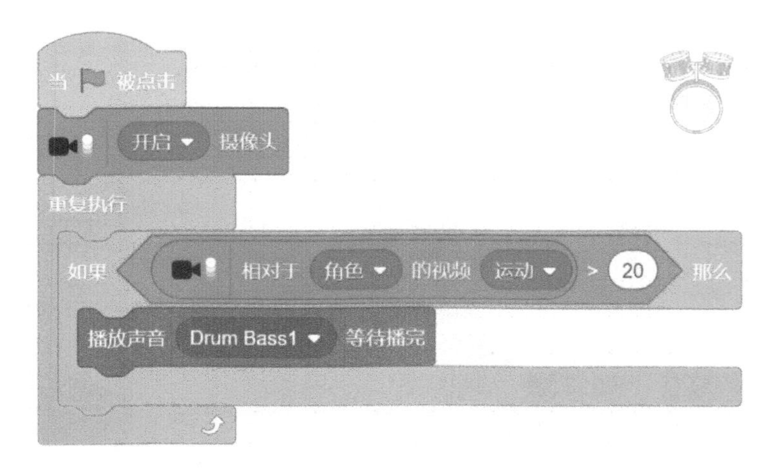

第3步 选中钹角色，编写代码。当视频运动大于60的时候，播放敲响了钹的声音。代码如下图所示。

好了，这个程序比较简单。运行一下，当你在摄像头下的动作幅度较小的时候，会敲响架子鼓，而当你的动作幅度比较大的时候，会敲响钹。

19.4 拯救乐高小人

再来看一个更加有趣的视频互动游戏吧！在本节中，我们来开发一个拯救乐高小人的游戏。乐高小人从天而降，落向下面的水中。玩家需要伸出手掌来托住他们，以拯救乐高小人。如果没有托住，乐高小人就会掉到水中，呼救并且最终被淹死。

第1步 删除掉默认的小猫角色，从素材中导入“乐高小人”和“水面”角色。

第2步 选中“水面”角色，编写程序。它的代码很简单，就是在程序开始运行的时候，让角色显示到最前面的图层。

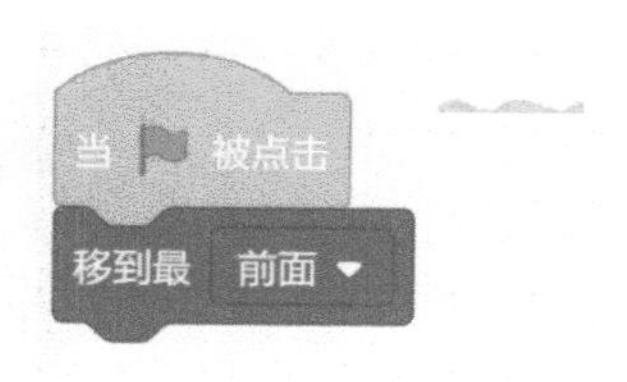

第3步 选中“乐高小人”角色，编写程序。乐高小人有3个造型，一个正常造型和两个举起手的造型，当它落水的时候，通过切换为其举手造型，能够表现出乐高小人呼救的样子。它一共有4段代码，其中有两段代码是自制积木，我们先来介绍这两个自制积木。

第一段代码定义了一个名为“跳起来”的自制积木，表示乐高小人被托住并跳起。

首先，播放“boing”的声音，然后开始重复执行一个循环。在这个循环中，先将 y 坐标增加 15，如果 y 坐标大于 180，也就是乐高小人超出了舞台的上边界，就删除掉克隆体，否则，就继续循环并增加 y 坐标。代码如下图所示。

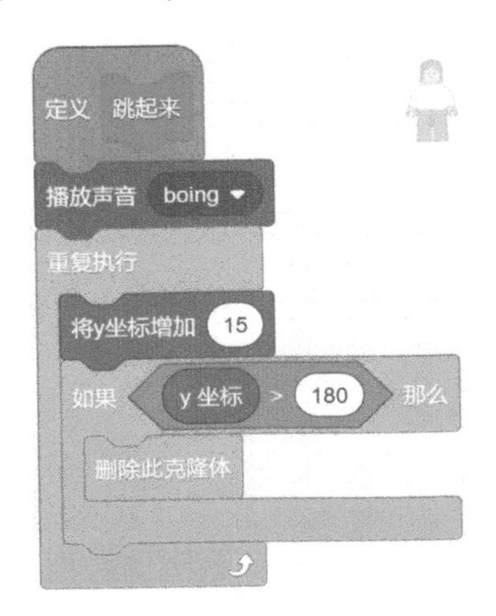

第二段代码定义了一个名为“掉到水里”的自制积木。这个积木首先重复执行一个循环 4 次，在这个循环中，首先切换为“hands up1”造型，等待 0.1 秒后，切换为“hands up2”造型，然后再等待 0.1 秒。通过执行这个循环 4 次，就表现了出乐高小人落水呼救的样子。执行完这个循环后，在 1 秒内将乐高小人移动到舞台下边界之外并删除掉克隆体。代码如下图所示。

第三段代码，当程序开始运行的时候，首先打开摄像头，然后，将乐高小人移动到舞台上边界的上方等待落下，将其大小设为 50% 并切换为第一个“hands down”造型，隐藏角色。然后，开始重复执行一个循环，在循环中，每隔 1 秒就克隆角色，这样就会有无数个乐高小人准备落下。

第四段代码，当乐高小人作为克隆体启动时，先显示克隆体，然后将其放到一个任意的 x 坐标处（也就是在舞台的左右边界之间的任意位置），准备落下。然后开始执行一个循环。在这个循环中，先将 y 坐标减少 7 个单位，也就是让乐高小人向下降落。然后进行视频侦测，如果发现摄像头视频相对于角色的运动大于 20，也就是说，摄像头侦测到玩家的托起动作比较明显，就调用自制积木“跳起来”，乐高小人会被托住并跳出到舞台的上边界。反之，如果无法侦测到玩家比较明显的托起动作，乐高小人的 y 坐标就会持续减小 7 个单位，继续落下。当乐高小人的 y 坐标小于 –140，说明它已经超过了舞台垂直中央位置一段距离，那么就调用自制积木“掉到水里”，乐高小人将会在水里呼救并最终被淹死。代码如下图所示。

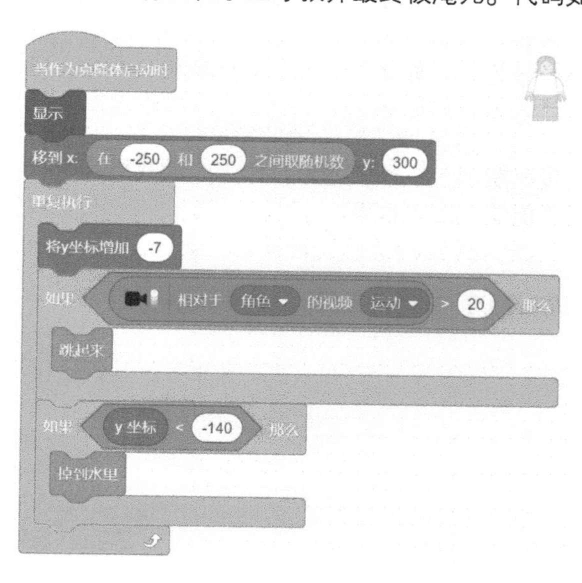

经过这几个步骤，这个小游戏就编写完了。打开摄像头，运行程序，尝试玩一下这个游戏吧！

想一想，试一试

1. 你是否能够给这个游戏添加一个得分系统，来统计玩家拯救的乐高小人数目呢？

2. 想想还可以增加一些什么元素，让这个游戏更加有趣？比如，乐高小人掉到水里，是否能够发出呼救声？

第 20 课 翻译家和朗读家

翻译积木和文本朗读积木这两种类型的积木是 Scratch 3.0 中新增加的，放到了扩展积木中，用户可以根据自己的需要添加并使用。虽然这两种类型的积木不是很多，功能也还比较简单，但它们的加入，从一个侧面说明了 Scratch 3.0 在全世界受欢迎的程度。此外，其新颖的用法，还能够激发开发者更多的奇思妙想。

翻译积木和文本朗读积木都需要通过点击 Scratch 3.0 项目编辑器左下角的“添加扩展”按钮来添加，然后才能够使用。注意，翻译积木支持的语言较多一些，目前已经支持中文；但朗读积木支持的语言还比较少，目前不支持中文。

20.1 翻译积木

翻译积木的作用是把文本翻译成多种语言，目前只有两个积木。表 20.1 列出了翻译积木及其说明。

表 20.1 翻译积木

序号	积木	说明
1	将 你好 译为 克罗地亚语	将文本翻译为对应的语言文字
2	访客语言	显示访客所使用的语言，也是翻译的目标语言。如果要在舞台上显示该监视器，选中积木左边的勾选框

20.2 文本朗读积木

文本朗读积木的作用是以语音的方式把文本朗读出来，目前只有 3 个积木。表 20.2 表列出了文本朗读积木及其功能说明。

表 20.2 文本朗读积木

序号	文本朗读积木	说明
1	朗读 hello	用语音方式朗读出文本
2	使用 中音 嗓音	设置朗读时候所使用的嗓音
3	将朗读语言设置为 English	设置朗读时候所使用的口音

20.3 Elf 遇到机器人

文本朗读积木可以和翻译积木结合起来使用，带来一些文字转换和语音方面的应用和创意。

在这个小节中，我们通过 Elf 遇到机器人的小案例，来展示这两种积木的用法。

第 1 步 从背景库添加“Nebula”作为背景，添加“Elf”和“Robot”角色。

第 2 步 选中 Elf 角色并编写程序。当程序开始运行的时候，Elf 说一段话，提示用户按下数字键 1–5 来决定机器人用不同的语言说话。然后，开始执行一个循环，不断地侦测按键。当用户按下不同的键，Elf 提示机器人，分别用英语、法语、德语、俄语和日语等不同的语言说“你好”。代码如下图所示。

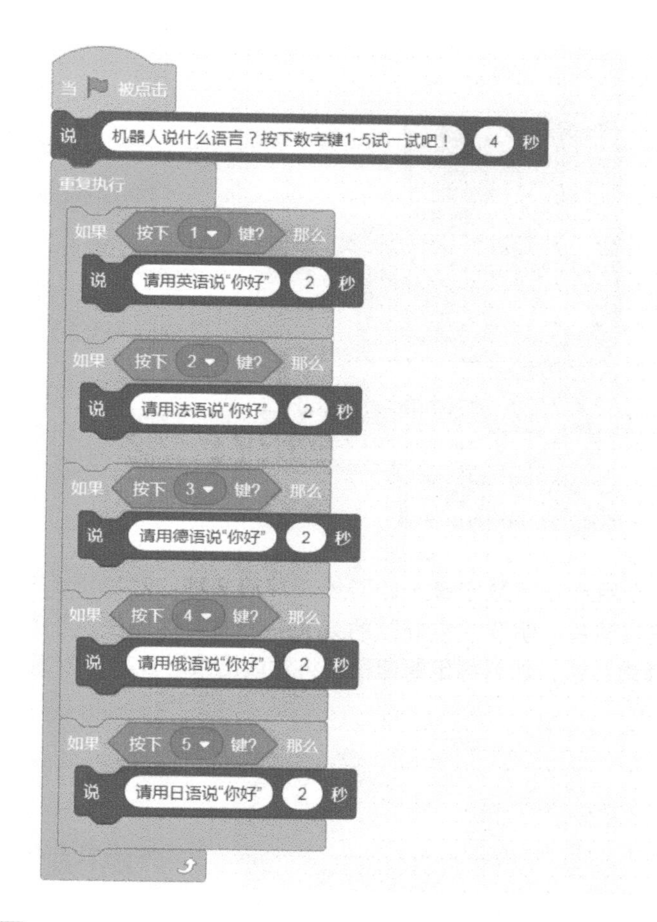

第 3 步 选中机器人角色并编程。它一共有七段代码。

第一段代码，当程序开始运行的时候，切换为第一个造型。注意，机器人一共有 3 个造型，表示他说话时的不同形态。

当 被点击
换成 robot-a 造型

第二段代码，当点击机器人角色的时候，播放一个“Hip Hop”音效并切换为“robot-b”造型。然后，将朗读的语言设置为英语（这是机器人自我介绍时使用的默认语言），用尖细的嗓音（这种嗓音更加符合机器人的形象）朗读一段英语，进行自我介绍。最后，再切换回第一个造型。

第三段代码，当用户按下数字键 1 的时候，等待 2 秒。然后，将朗读的语言设置为英语，用尖细的嗓音，朗读“你好”的英文。注意，这里使用了翻译积木，将“你好”从中文翻译为英语，然后再用朗读积木将它读出来。代码如下图所示。

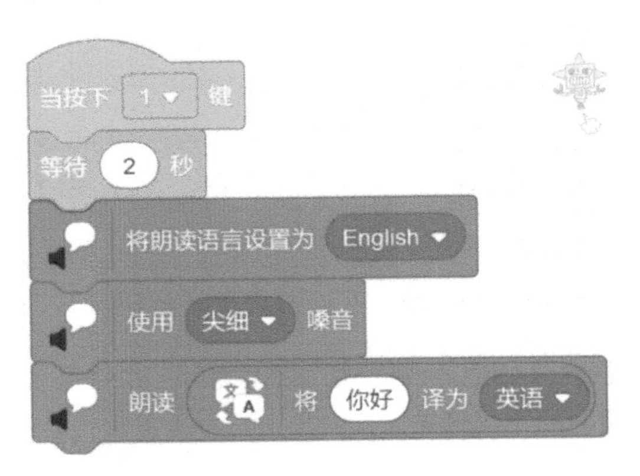

第四段到第七段代码和第三段代码基本相同，它们分别侦测按下数字 2 键、数字 3 键、数字 4 键和数字 5 键，当侦测到按下这些键的时候，分别将“你好”翻译为法语、德语、俄语和日语，并用尖细的嗓音翻译出来。这里就不再赘述了。

这个程序到这里就结束了。尝试运行一下吧！在 Elf 的指挥下，机器人可以用不同的语言和你打招呼了！

机器人说什么语言？按下数
字键1~5试一试吧！

请用英语说“你好”

请用法语说“你好”

第 3 篇

实战篇

第 21 课 把任何东西变成按键——Makey Makey

21.1 什么是Makey Makey

Scratch 3.0 还新增加了支持 Makey Makey 的扩展积木，用户可以根据自己的需要添加并使用。Makey Makey 的特点就是可以把任何东西都变成按键。

Makey Makey 诞生于 MIT 媒体实验室，是一块模拟键盘和方向键以及鼠标按键的电路板。只要用一块 Makey Makey 电路板、几根导线，还有用于连接计算机的 USB 接口，我们就能把身边几乎所有的东西都变成触摸板。这个电路板有点像红白机游戏手柄，左边的 4 个按钮是用来控制方向的上下左右键，两个圆形的按钮中左边的模拟计算机的空格键，右边的模拟鼠标左键。

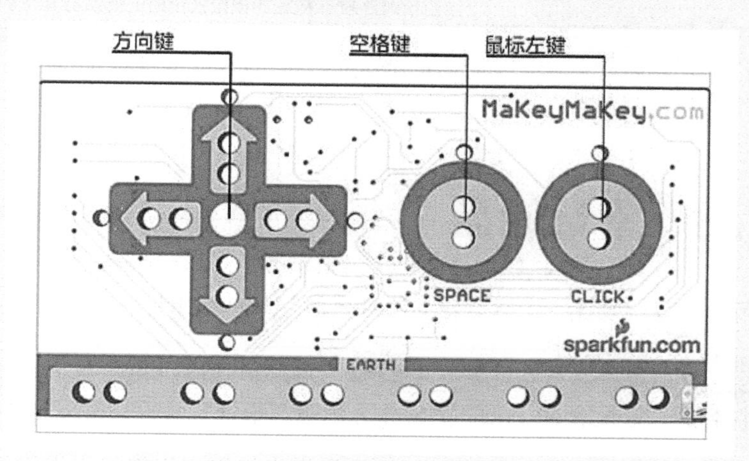

Makey Makey 上没有按键，却有很多接线孔。用导电物体，比如水果、蔬菜或是身体，将这些接线孔连接起来之后，这些导电物体就能像键盘与鼠标一样控制计算机。使用这个硬件的乐趣就在于，你可以赋予导电物体交互的功能。

使用 Makey Makey 不需要任何额外的编程。将 Makey Makey 用 USB 线连接至计算机，它就能开始工作。

21.2 Makey Makey积木

介绍完了 Makey Makey 电路板，我们来看看 Makey Makey 积木。我们首先需要点击 Scratch 3.0 项目编辑器左下角的“添加扩展”按钮来添加 Makey Makey 积木，然后才能够使用它们。

Makey Makey 只有两个积木。表 21.1 列出了 Makey Makey 积木及其说明。

表21.1 Makey Makey积木

序号	积木	说明
1	when 空格 key pressed	当指定的模拟按键被按下时开始执行其下的程序。通过下拉菜单，可以选择指定其他的按键。只要侦测到指定的按键被按下，程序就会开始执行
2	when 左上右 pressed in order	当按顺序按下指定的模拟按键时开始执行其下的程序。通过下拉菜单，可以选择其他的顺序按键。只要侦测到指定的顺序按键被按下，程序就会开始执行

21.3 幸运轮盘

在本节中，我们通过一个幸运轮盘项目来学习 Makey Makey 积木的用法。

第 1 步 添加角色。从本地素材中添加“background1.png”文件作为背景。从本地素材中添加“costume1.png”文件作为角色“指针”的唯一造型。

第 2 步 选中指针角色并编写程序。它一共有 3 段程序。

第一段程序，当按下向右的方向键，重复执行一个循环，不断地将角色向右旋转 5 度。代码如下图所示。

第二段程序，当按下向左的方向键，重复执行一个循环，不断地将角色向左旋转 5 度。代码如下图所示。

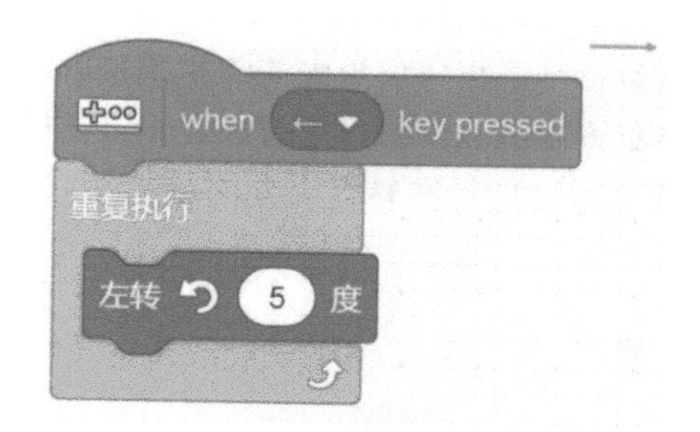

第三段程序，当按下空格键，停止全部的脚本。代码如下图所示。

第 3 步 连接线路。将 Makey Makey 电路板通过 USB 线和计算机相连。将 3 根鳄鱼夹的一端分别连接到电路板导电孔的左方向键、右方向键和空格键，另一端分别连接到不同的水果上。将第四根鳄鱼夹的一端连接电路板的接地端，另一端用手握住。手在这里就成为一个开关，握住就是打开，放开就是关闭。手作为开关，让不同的“键”和“地线”连接起来，形成一个回路，以便电路板能够识别这些键。

鳄鱼夹的连接方式如下图所示。

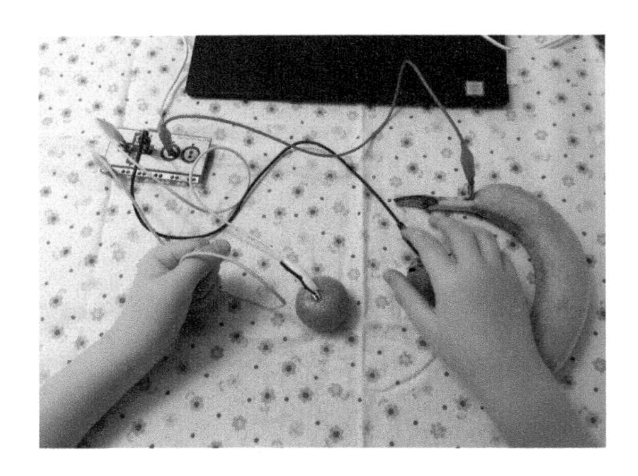

现在，让我们来尝试运行一下程序。当身体与水果接触时，外部电路被接通，从而激发按键。当按下连接左方向键的水果，就可以让指针在转盘上向左旋转。当按下连接右方向键的水果，就可以让指针在转盘上向右旋转。当按下连接空格键的水果，指针停止转动。

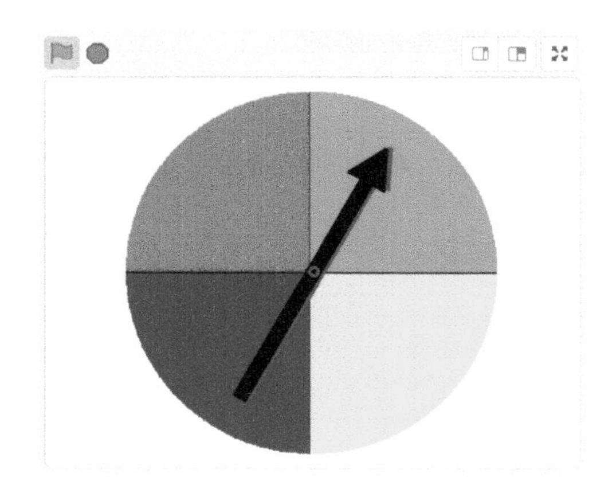

21.4 演奏钢琴

在这一节中，我们通过一个演奏钢琴的项目，来进一步展示 Makey Makey 积木的用法。

第 1 步 添加背景。从背景库中选择“Concert”作为背景。

第 2 步 添加角色和音效。添加 NoteC 角色，从本地素材中添加“up1.png”和“up2.png”文件作为其造型，上传“up.wav”文件作为其音效。添加 NoteD 角色，从素材中添加“right1.png”和“right 2.png”文件作为其音效，上传“right .wav”文件作为其音效；添加 NoteE 角色，从本地素材中添加“down1.png”和“down2.png”文件作为其造型，上传“down .wav”文件作为其音效；添加 NoteF 角色，从本地素材中添加“left1.png”和“left2.png”文件作为其造型，上传“left .wav”文件作为其音效；添加 NoteG 角色，从本地素材中添加“space1.png”和“space2.png”文件作为其造型，上传“space.wav”文件作为其音效；添加 NoteA 角色，从本地素材中添加“click1.png”和“click2.png”文件作为其造型，上传“click .wav”文件作为其音效。这 6 个角色，会和 Makey Makey 电路板的 4 个方向键及 space 键和 click 键相对应。角色的造型如下图所示。

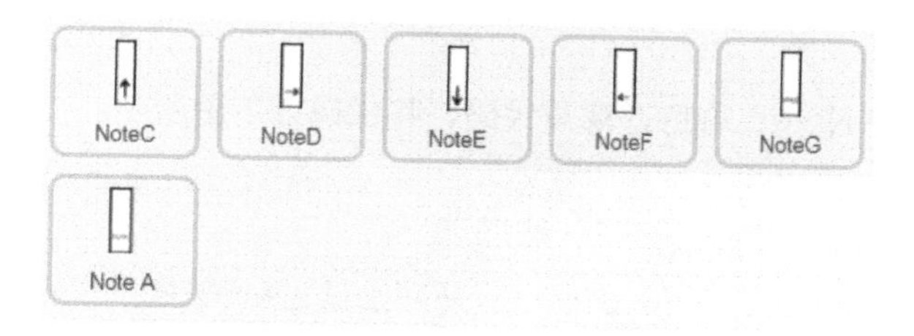

第 3 步 添加角色 NoteC#、NoteD#、NoteE# 和 NoteF#，从素材中添加“black1.png”和“black2.png”文件作为这几个角色的造型，用它们来演奏特定的音符。

第 4 步 选中 NoteC 角色，编写代码。第一段代码，当按下向上的方向键，广播“play up”消息。第二段代码，当接收到“play up”消息的时候，播放“up”声音。第三段代码，当接收到“play up”消息的时候，切换造型为“up2”，等待 0.2 秒后，切换造型回到“up1”。代码如下图所示。

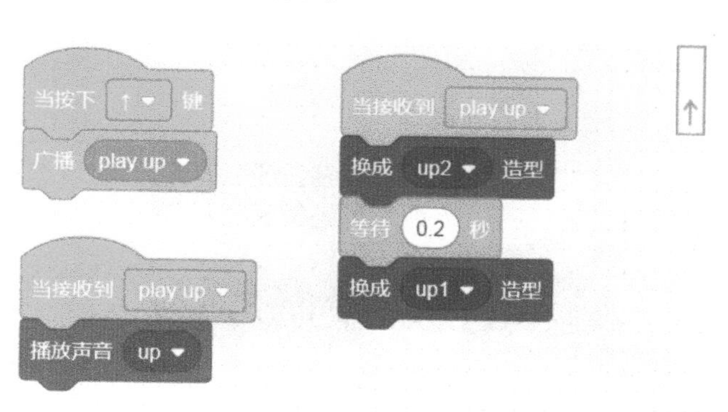

第 5 步 选中 NoteD 角色，编写代码。这个角色的代码和 NoteC 的代码逻辑上都一样，只是广播的消息名称、播放的声音和造型名称不同而已。这里不再赘述，代码如下图所示。

第 6 步 选中 NoteE 角色，编写代码，其代码如下图所示。

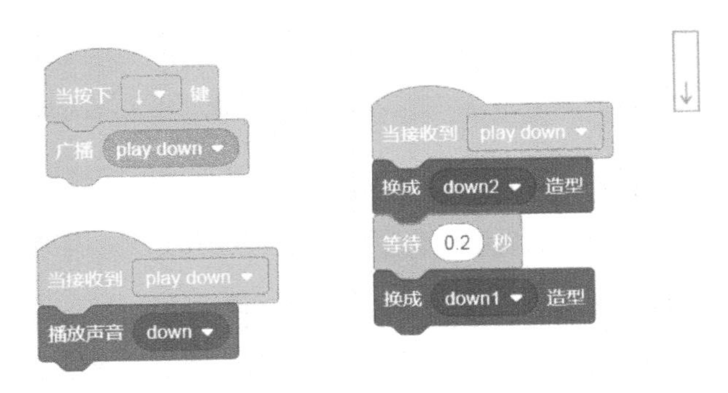

第 7 步 选中 NoteF 角色，编写代码，其代码如下图所示。

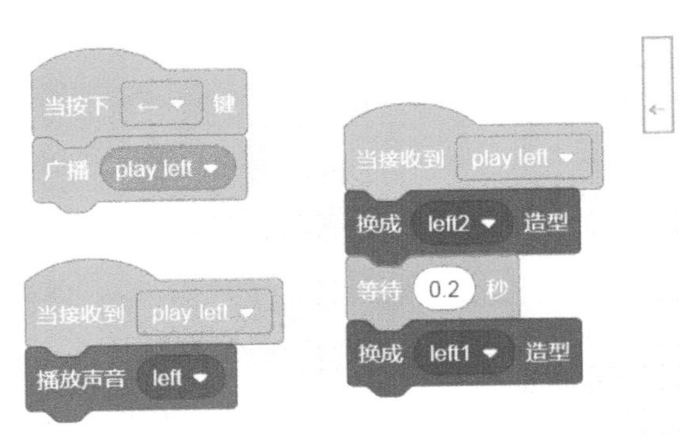

第 8 步 选中 NoteG 角色，编写代码，其代码如下图所示。

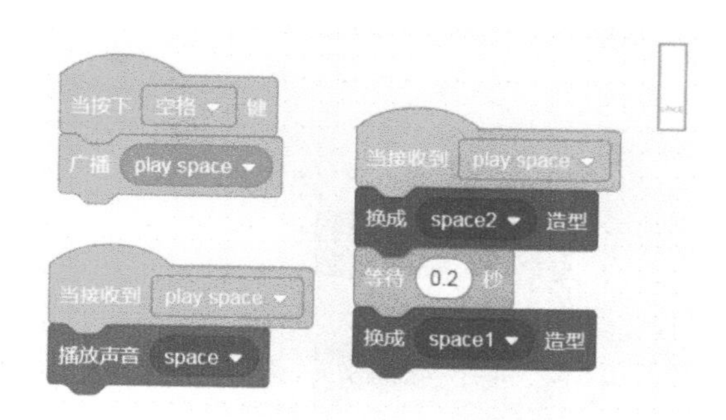

第 9 步 选中 NoteA 角色，编写代码。第一段代码，点击绿色旗帜后，将造型切换为“click1”。然后重复执行一个循环，检测是否按下鼠标，如果按下鼠标，就广播消息“play click”，然后等待按下鼠标不成立后，再进入下一次循环。第二段代码和第三段代码和前面代码类似，不再赘述。代码如下图所示。

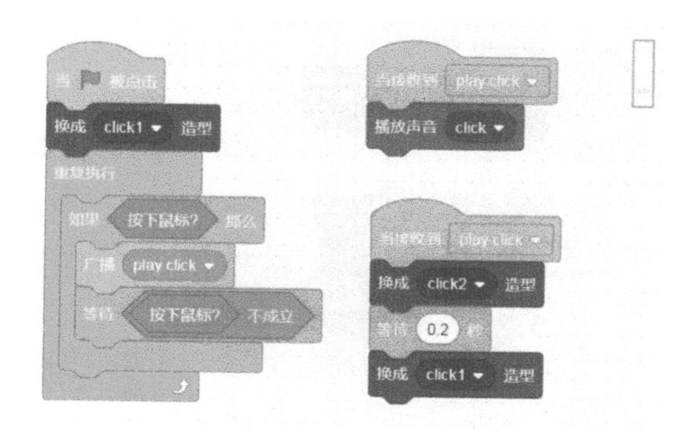

第 10 步 选中 NoteC#，编写代码。当点击角色后，将造型切换为“black2”，等待 0.1 秒后，将造型切换回“black1”，然后播放音符。其代码如下图所示。

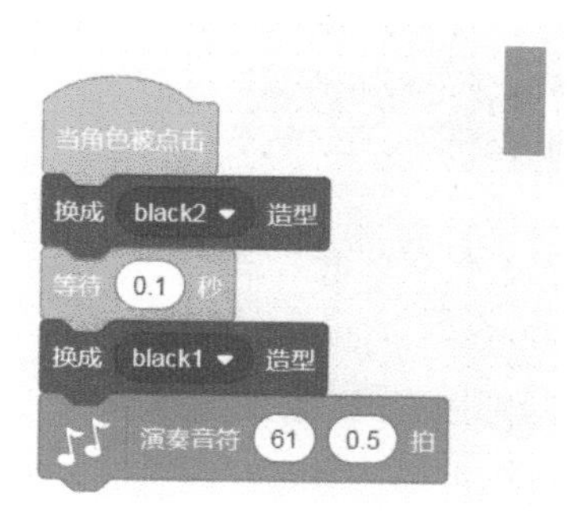

第 11 步 选中 NoteD#，编写代码，其代码与 NoteC# 角色代码类似，如下图所示。

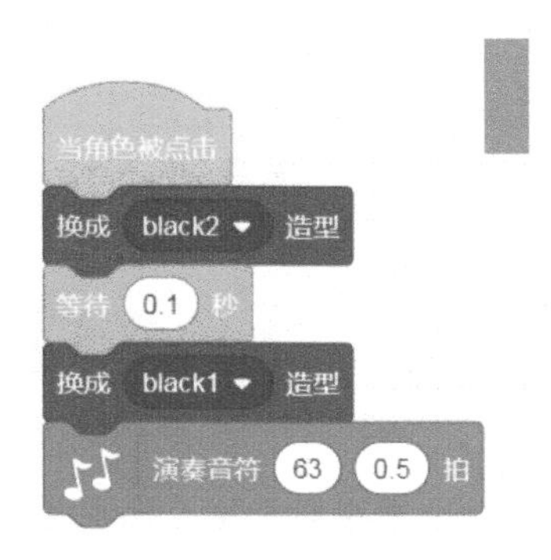

第 12 步 选中 NoteF#，编写代码，其代码如下图所示。

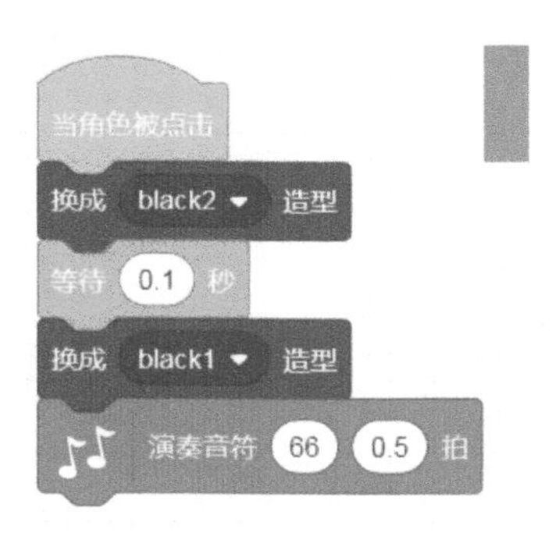

第 13 步 选中 NoteG#，编写代码，其代码如下图所示。

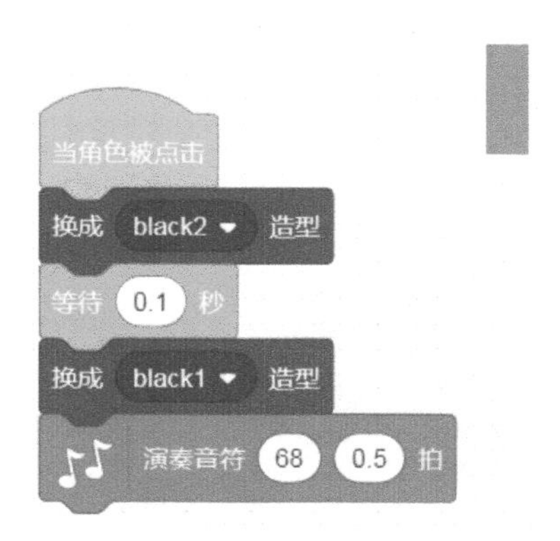

第14步 将 Makey Makey 通过 USB 线连接到计算机。

第15步 通过鳄鱼夹将方向键、space 键和 click 键连接到水果和蔬菜上。

第16步 将鳄鱼夹的一端连接接地端，另一端用手握住。

好了，这个程序就编写完了。尝试运行一下，看看你能不能用这些水果和蔬菜演奏一首乐曲出来。

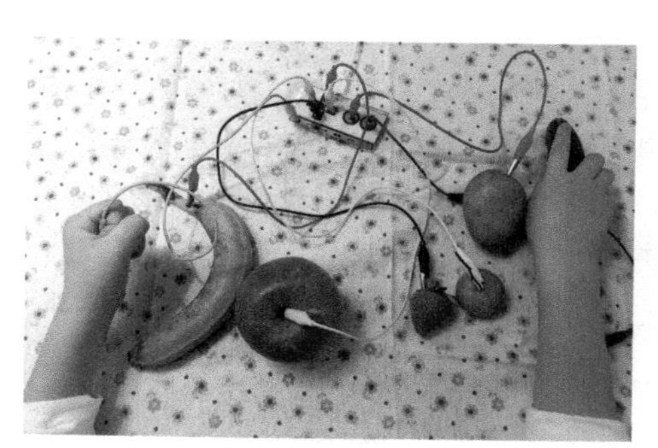

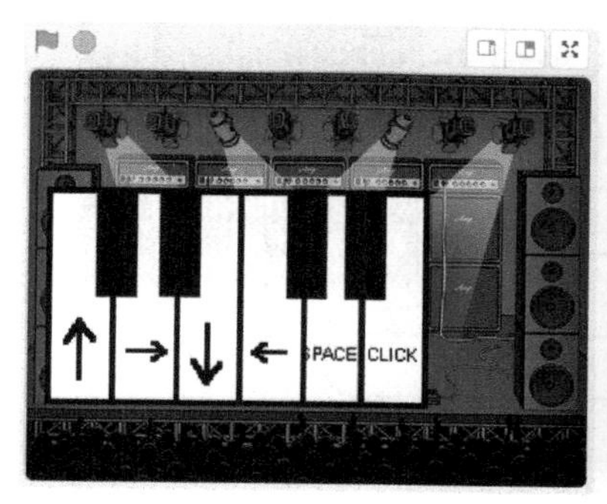

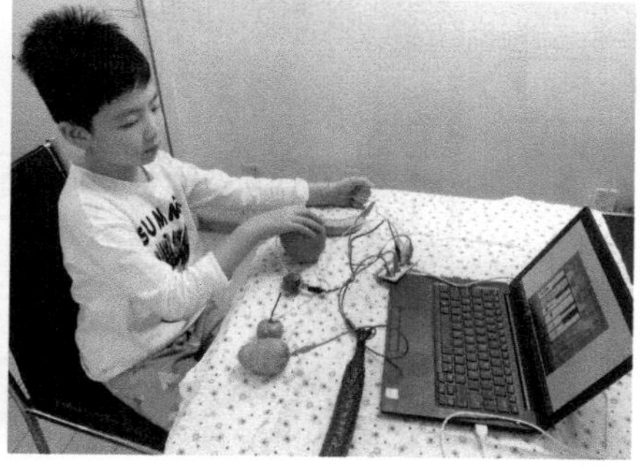

想一想，试一试

我们在 17.2 节介绍过了乐队演奏的代码。尝试一下，通过 Makey Makey 电路板来实现乐队演奏的效果。

第 22 课 把作品连接到实体世界——micro:bit

micro:bit 由英国 BBC 设计，是基于 ARM 架构的一个小型的可编程计算机，旨在使得学习与教学变得轻松有趣。它可以通过计算机、手机、平板电脑编程，也可以用图形化的方式编程。一块小小的电路板，集成了加速度传感器、磁力传感器、温度感测、蓝牙等多个模块。micro:bit 的外观如下图所示。

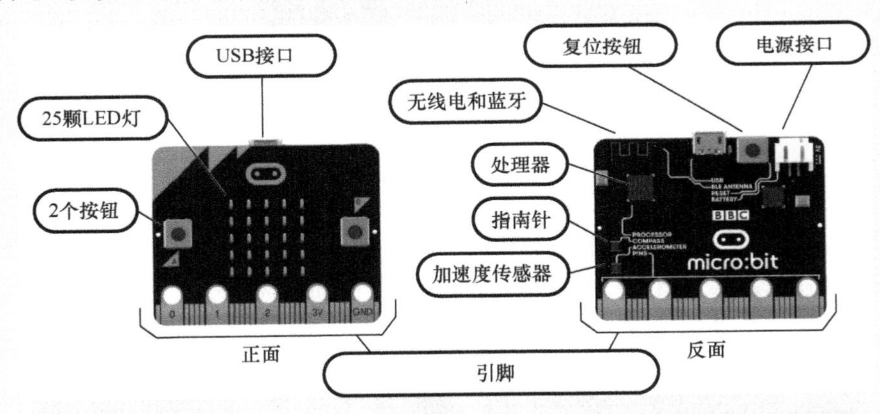

micro:bit 的相关积木也放到了 Scratch 3.0 的扩展积木中，用户可以根据自己的需要，点击项目编辑器左下角的“添加扩展”按钮来添加。接下来，我们介绍如何使用 Scratch 3.0 连接 micro:bit。

22.1 连接micro:bit

点击项目编辑器左下角的“添加扩展”按钮。

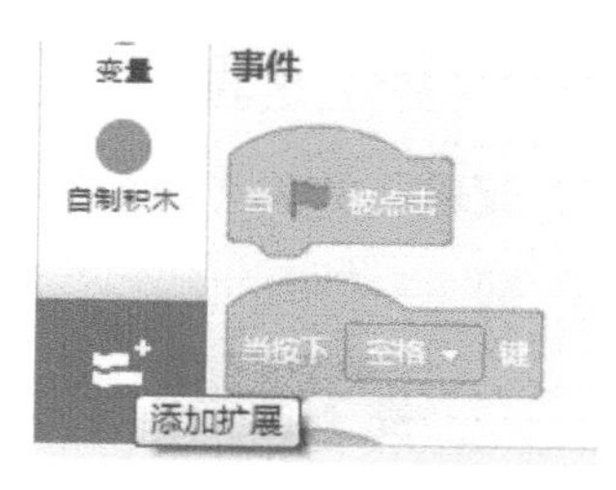

在扩展功能页面中，点击“micro:bit”。

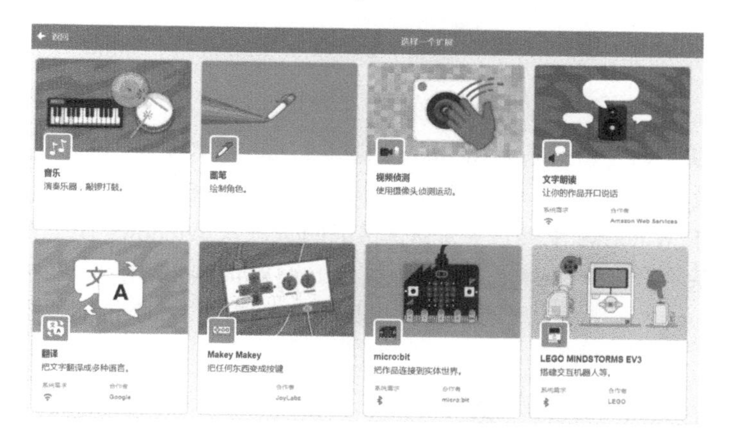

如果是第一次尝试使用 Scratch 3.0 来连接 micro:bit，会弹出一个窗口，询问：（1）确保 Scratch Link 已安装并正在运行；（2）请检查蓝牙已经开启。直接点击“帮助”按钮即可。

在弹出的帮助界面中，根据你的计算机的操作系统，点击“直接下载”按钮，下载“Scratch Link”的安装文件。

小贴士

需要注意的是，如果是 Windows 操作系统，则只支持 Windows 10，并且最低版本号要求是 1709。如果是 macOS 操作系统，最低版本号要求是 10.13。我们来介绍一下 Windows 中如何查看版本号。（1）进入 Windows 10 系统以后，右键单击开始菜单，选择“运行”；或按下键盘上的 Windows 徽标键 +R 来打开“运行”窗口。（2）输入 winver，单击确定，或按下回车键。（3）此时即可看到版本信息。

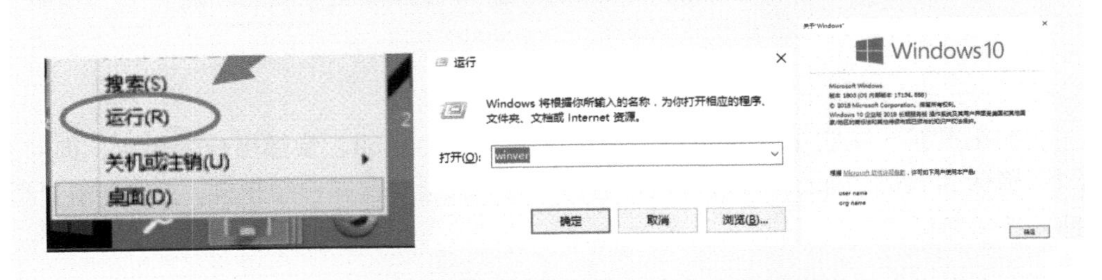

安装 Scratch Link 的步骤很简单，根据安装向导提示，点击“Next”按钮即可完成。

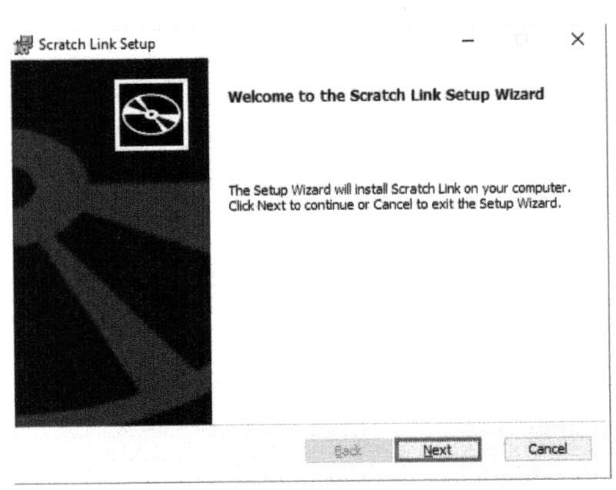

安装好 Scratch Link 后，在计算机的开始菜单中点击 Scratch Link 的图标，启动 Scratch Link。如果 Scratch Link 成功启动的话，在工具栏中会有小图标显示。

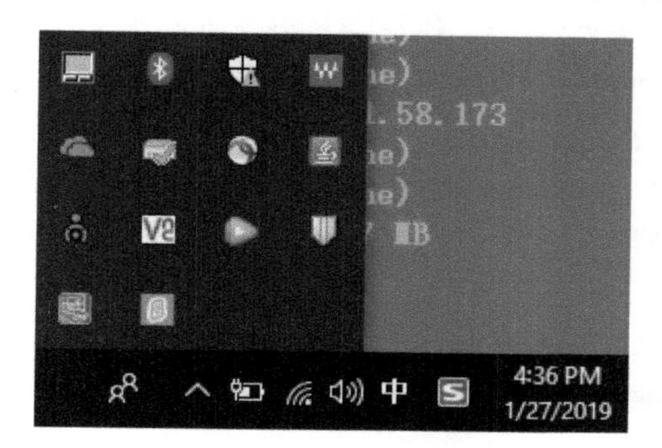

然后通过 USB 数据线将 micro:bit 和计算机相连接。在你的计算机上，micro:bit 将以“MICROBIT”的盘符出现，如下图所示。

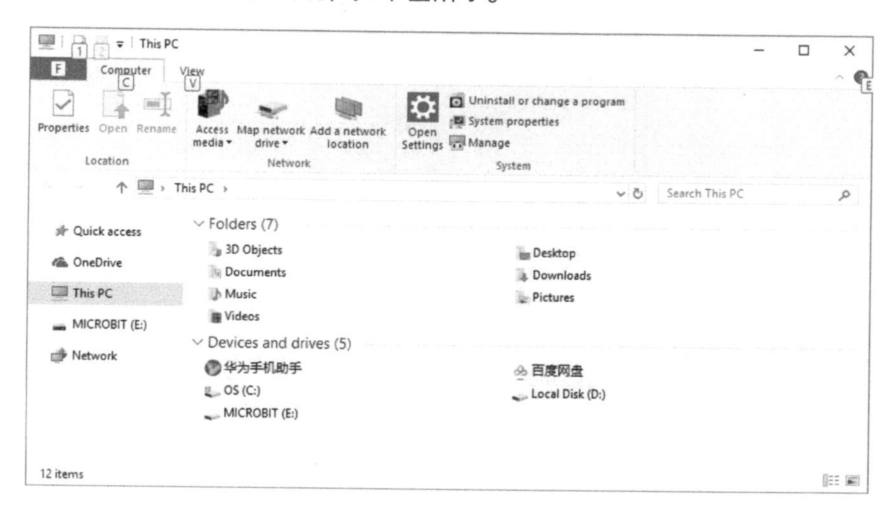

接下来，还是在帮助页面上下载 Scratch micro:bit HEX 文件。

然后，我们把刚刚下载的 HEX 文件，拖曳到 MICROBIT 盘符中。

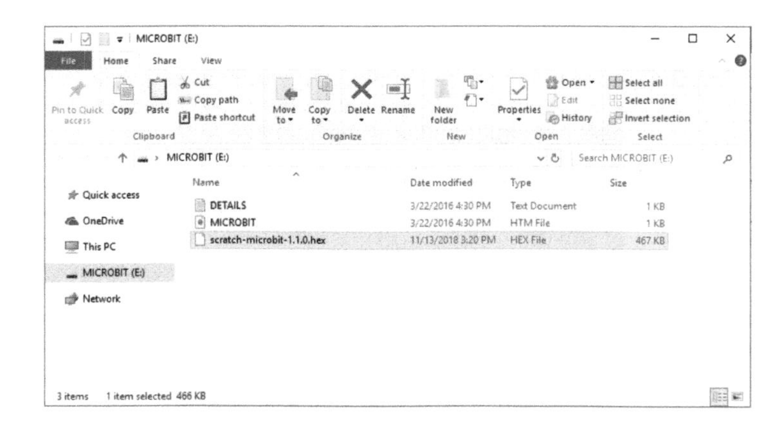

返回 Scratch 3.0 编辑器，再次选择“添加扩展”，点击“micro:bit”，将会看到查找设备的界面。

因为我们已经安装并启动了 Scratch Link，而且 micro:bit 也通过 USB 数据线连接到计算机上，所以系统可以检测到该设备，此时按下“连接”按钮。

连接成功后，会出现已连接的提示。

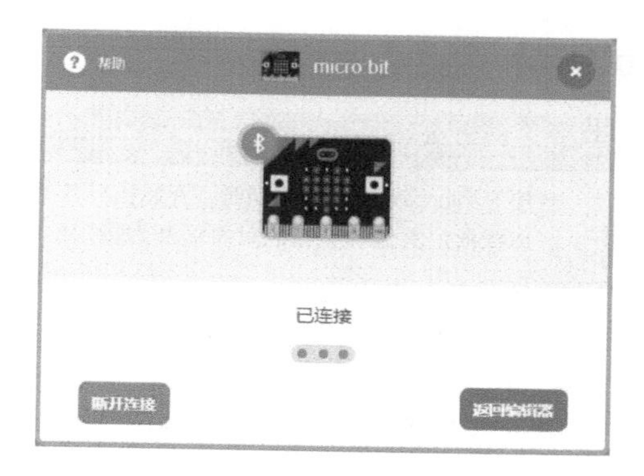

点击“返回编辑器”按钮，可以看见指令区的积木类型中，多了一个“micro:bit”分类的积木，而且在“micro:bit”右边会有一个绿色的对勾，它表示设备已成功连接。

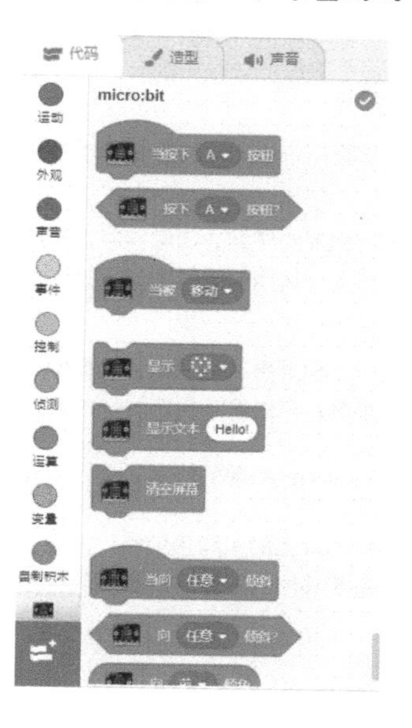

22.2 micro:bit积木

micro:bit 类的积木一共有 10 个，都是结合芯片进行一系列的操作。表 22.1 列出了所有的 micro:bit 积木及其说明。

表22.1　micro:bit积木

序号	积木	说明
1	当按下 A ▾ 按钮	当按下micro:bit上的A按钮时，开始执行其下的程序。通过下拉菜单，可以选择指定其他的按钮。只要侦测到指定的按钮被按下，程序就会开始执行
2	按下 A ▾ 按钮？	根据是否按下micro:bit上的A按钮，来获取一个为真或假的布尔值。通过下拉菜单，可以选择指定其他的按钮
3	当被 移动 ▾	当micro:bit被移动时，开始执行其下的程序。通过下拉菜单，还可以选择它被抛起或晃动。只要侦测到这些动作，程序就会开始执行
4	显示 ▾	在micro:bit的LED屏幕上显示心形。通过下拉菜单，可以绘制自己想要的其他形状
5	显示文本 Hello!	在micro:bit的LED屏幕上显示文本。可以输入任何字母或单词，这些内容将会逐个字母地进行显示
6	清空屏幕	用来清除micro:bit的LED屏幕上所有的内容
7	当向 任意 ▾ 倾斜	当micro:bit向任意方向倾斜时，开始执行其下的程序。通过下拉菜单，可以选择指定其他的倾斜方向。只要侦测到向指定的方向倾斜，程序就会开始执行
8	向 任意 ▾ 倾斜？	根据micro:bit是否向任意方向倾斜，来获取一个为真或假的布尔值。通过下拉菜单，可以选择指定其他的倾斜方向
9	向 前 ▾ 倾角	获取micro:bit向前的倾角。通过下拉菜单，可以选择获取其他方向的倾角
10	当引脚 0 ▾ 接地	当micro:bit上的引脚接地时，开始执行其下的程序。通过下拉菜单，可以选择指定其他的引脚。只要侦测到指定的引脚接地，程序就会开始执行

22.3　心动由你来决定

在这一节中，我们把10.2节的“心随声动”示例的代码稍作修改，通过micro: bit来控制Elf的心脏的造型和声音，并且在micro:bit的LED屏幕上显示相应的信息。

第1步 从角色库中添加“Hearts”作为背景。

第2步 添加“Elf”角色，他仍然是我们的程序示例中的主角。添加“Heart”

角色，表示这是 Elf 的心脏，并且选中声音库中的“Low Conga”和“High Conga”作为音效。

第 3 步 先选中 Elf 角色，开始编写程序。程序开始运行的时候，Elf 每隔 2 秒就说“我的心动由你决定！”，告诉用户可以控制他的心跳。代码如下图所示。

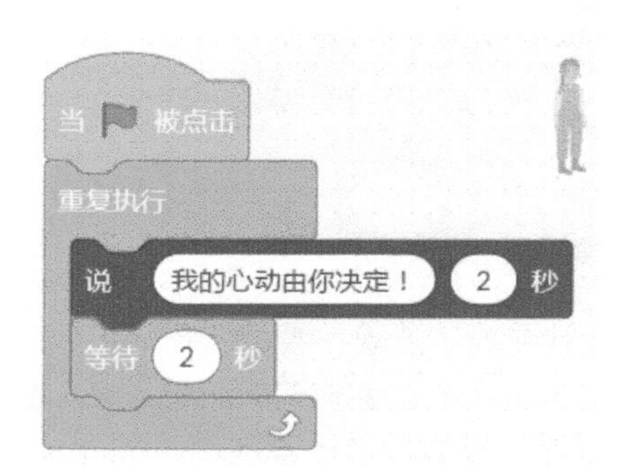

第 4 步 选中心脏角色，编写代码。第一段代码，当按下 micro:bit 上的 A 按钮的时候，在 LED 屏幕上显示心碎的形状。然后将心脏角色切换为“heart purple”造型，播放声音“Low Conga”，并且将角色大小设置为 80。

第二段代码，当按下 micro:bit 上的 B 按钮的时候，在 LED 屏幕上显示心的形状。然后将心脏角色切换为“heart red”造型，播放声音“High Conga”，并且将角色大小设置为 100。

好了。这个项目到此就完成了。现在尝试运行一下程序，通过按下 micro:bit 的 A 按钮或 B 按钮，会看到 micro:bit 上显示不同的形状，Elf 的心脏会改变颜色和大小，播放不同的声音。现在 Elf 的心动可以由你通过 micro:bit 来控制了，有趣吧！

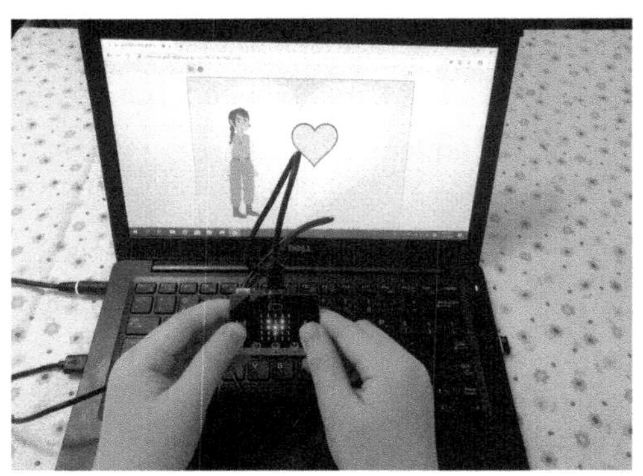

22.4 演奏吉他

在本小节中，我们通过“演奏吉他”的示例程序，来进一步展示 micro:bit 类积木的用法。

第 1 步 从背景库中选择“Stripes”作为背景。

第 2 步 从角色库中选择“Guitar”角色，会自动添加一些吉他演奏的音乐。

第3步 选中“Guitar”角色，编写代码。第一段代码，当点击绿色旗帜，重复一个循环。在 micro:bit 的 LED 屏幕上显示一个设定的形状（这个形状看上去像是一把吉他）。把 micro:bit 向右倾角的值赋值给音调，并且让角色面向 micro:bit 向右倾角的方向。这样，Guitar 角色就可以随着 micro:bit 的左右移动而调节音调和方向。第二段代码，当按下 micro:bit 上的“任意”按钮的时候，播放“Guitar Chords1”声音。代码如右图所示。

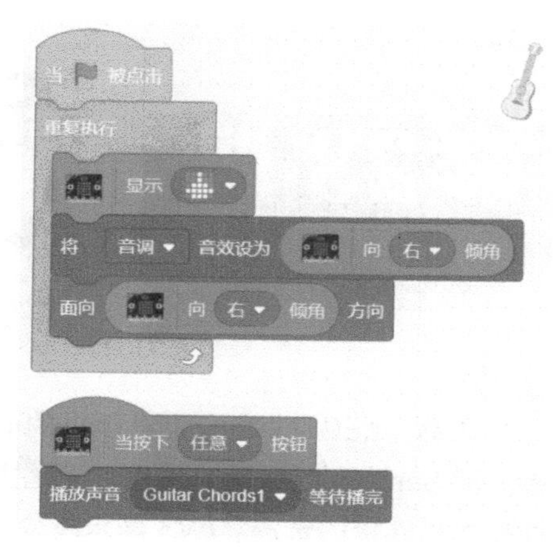

好了，这个简单的程序就编写完了。尝试运行一下程序，现在，我们可以用 micro:bit 来演奏吉他了。

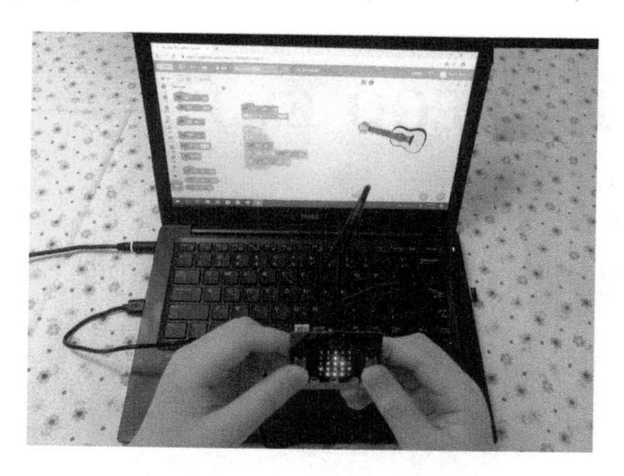

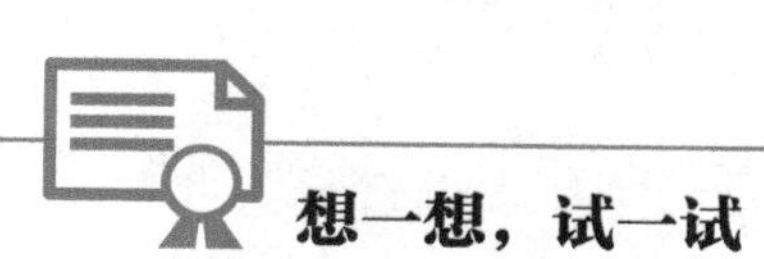

想一想，试一试

我们在 8.5 节介绍过追赶游戏的代码。尝试一下，能否通过 micro:bit 电路板来操控章鱼？比如，能否通过按下按钮来切换造型？能否通过抛起 micro:bit 让章鱼向上跳起？

第 23 课 搭建交互机器人——EV3

乐高（LEGO）在全世界孩子的心中，甚至在成人心中，都有着魔法般神奇的力量。而 Scratch 之父雷斯尼克，正是主导乐高机器人的科技巨人，他创建了积木与编程技术相连接的奇迹。EV3 是乐高公司于 2013 年研发的第三代 MINDSTORMS 机器人。本章我们介绍如何使用 Scratch 3.0 和 LEGO EV3 一起搭建交互机器人。

23.1 连接LEGO EV3

安装并启动 Scratch Link，具体步骤参见 22.1 节。

通过蓝牙，将计算机和 LEGO EV3 配对，输入 PIN 码后，点击“Connect”按钮。

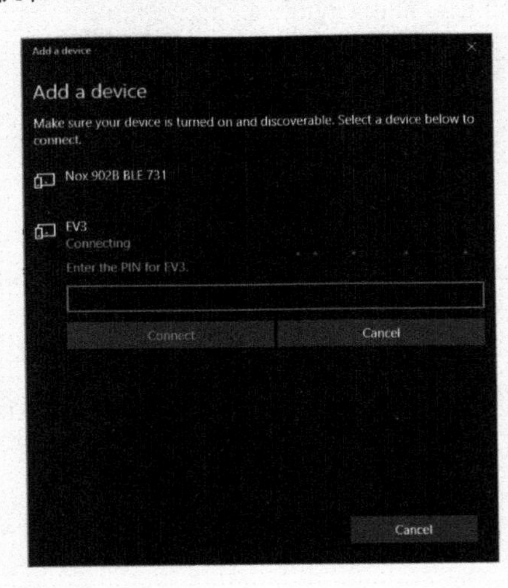

配对成功后，会提示连接成功。

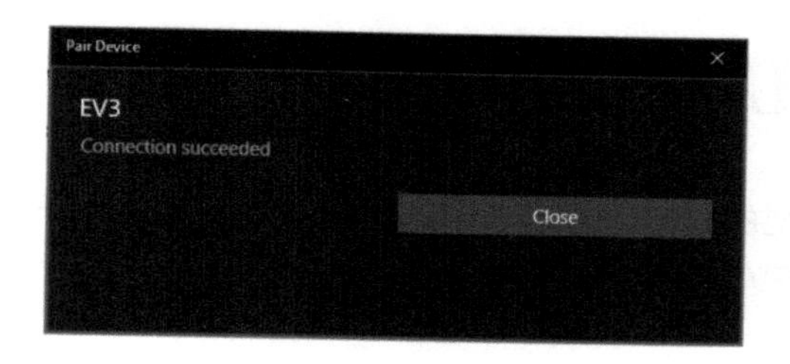

在 Scratch 3.0 编辑器中选择“添加扩展”，点击“LEGO MINDSTORMS EV3”，系统会检测到设备，按下“连接”按钮。

连接成功后，会出现已连接的提示。

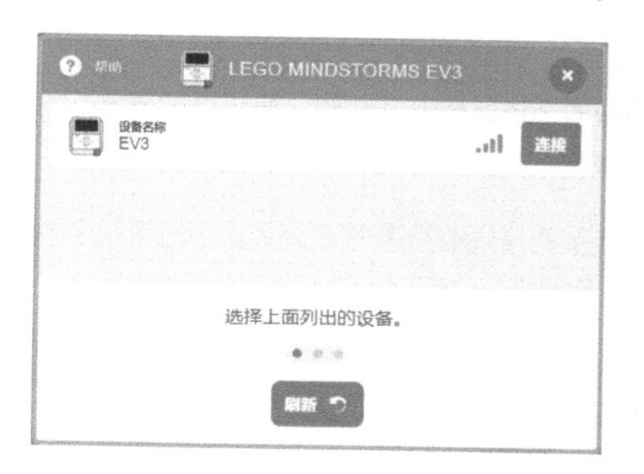

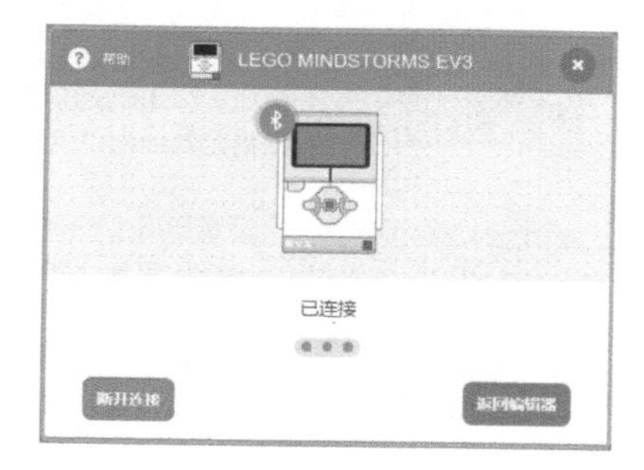

点击“返回编辑器”按钮，可以看见指令区的积木类型中，多了一些“LEGO EV3”类型的积木，而且在“LEGO EV3”右边会有一个绿色的对勾，表示设备已成功连接。

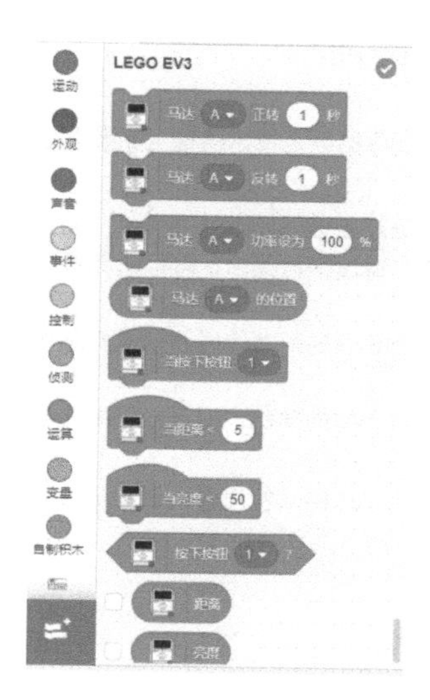

23.2 LEGO EV3积木

LEGO EV3 类型的积木一共有 11 个，大都是通过 EV3 来执行相应的动作。表 23.1 列出了 LEGO EV3 类型的积木及其说明。

表23.1 LEGO EV3积木

序号	积木	说明
1	 马达 A 正转 1 秒	让EV3上的端口A连接的马达正转一定的时间。通过下拉菜单，可以选择指定其他端口连接的马达
2	 马达 A 反转 1 秒	让EV3上的端口A连接的马达反转一定时间。通过下拉菜单，可以选择指定其他端口连接的马达
3	 马达 A 功率设为 100 %	设置EV3上的端口A连接的马达的功率的百分比。通过下拉菜单，可以选择指定其他端口连接的马达
4	 马达 A 的位置	获取EV3上的端口A连接的马达的位置。通过下拉菜单，可以选择指定其他端口连接的马达
5	 当按下按钮 1	当按下EV3上的端口1连接的按钮时，开始执行其下的程序。通过下拉菜单，可以选择指定其他端口连接的按钮。只要侦测到指定端口的按钮被按下，程序就会开始执行
6	 当距离 < 5	当EV3的距离传感器检测到物体和它的距离小于指定的值时，开始执行其下的程序
7	 当亮度 < 50	当EV3的颜色传感器检测到亮度小于指定的值时，开始执行其下的程序
8	 按下按钮 1 ?	根据是否按下EV3上的端口1连接的按钮，来获取一个为真或假的布尔值。通过下拉菜单，可以选择指定其他端口连接的按钮
9	 距离	显示EV3的距离传感器检测到距离物体的距离
10	亮度	显示EV3的颜色传感器检测到的亮度
11	 鸣笛 60 0.5 秒	指定EV3的鸣笛声音的大小及时间长度

23.3 天上掉馅饼

在本节中，我们通过Scratch 3.0来编写一个利用LOGO EV3的项目。在天空中，有一个馅饼在随机地飞行，我们使用EV3的马达操控小猫角色的方向，让小猫去追逐馅饼，抓住一个馅饼，玩家就得1分。

第1步 从本地素材中选择“Stars.png”文件作为背景，选择“Instructions.png”文件作为角色。Instructions角色介绍了如何连接LEGO的马达以及如何玩游戏。

第2步 从角色库中选择“Cat Flying”角色和“Taco”角色，为“Taco”角色选择“Teleport2”作为音效。增加一个叫作“分数”的变量，并且在屏幕上显示这个变量。

第3步 选中“Cat Flying”角色，编写代码，当点击绿色旗帜时，将角色移动到屏幕中央。重复一个循环。让角色面向端口A连接的马达的位置的方向，然后移动5步。使用这段重复执行的代码，就可以通过正转或反转马达来调整角色的方向。代码如下图所示。

第4步 选中“Taco”角色，编写代码。当点击绿色旗帜时，将变量“分数”设置为0。重复一个循环。如果碰到“Cat Flying”角色，播放声音“Teleport2”，将变量“分数”增加1。然后重复一个20次的循环，每次将角色的像素化特效增加10。循环结束后，清除图像特效。将角色移到随机位置。代码如下图所示。

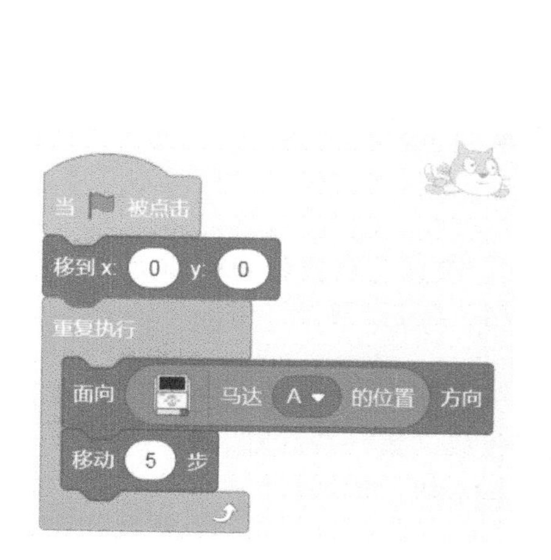

好了，这个程序就编写完了。尝试运行一下，通过旋转 LEGO EV3 的马达来操纵小猫的飞行方向，去抓天上掉下来的馅饼吧！

23.4 拍篮球

在本节中，我们通过一个“拍篮球”的项目，来使用 LOGO EV3 的距离传感器、触动传感器和马达。当距离传感器检测到我们的手和 EV3 传感器之间的距离小于 5 时，就会拍球并得分，我们还可以通过按下 EV3 触动传感器来修改球的高度。如果得分超过 10 分，就会转动 EV3 的马达。

第 1 步 从背景库中选择“Basketball 1”作为背景。

第 2 步 从本地素材中选择“Instructions.png”文件作为角色，它会介绍如何连接 LEGO 以及如何玩游戏。从素材中选择“Flag.png”文件作为角色，从声音库中添加“Tada”音效。

第 3 步 从角色库中选择“Basketball”角色，它会自动增加一个“Basketball Bounce”音效。创建叫作“分数”的变量和“高度”变量，并且将它们设置为在屏幕上显示。

当 被点击
移到 x -150 y 45
将 高度 设为 100
将 分数 设为 0

第 4 步 选中 Basketball 角色，编写代码。第一段代码，当点击绿色旗帜按钮时，将角色移动到指定位置。将变量“高度”设置为 100，将变量“分数”设置为 0。代码如右图所示。

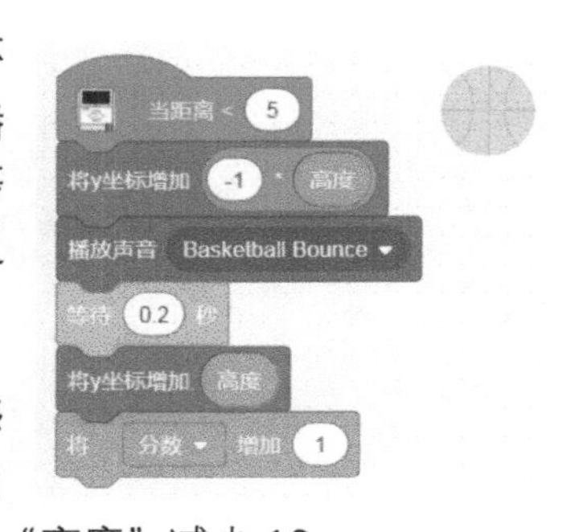

第二段代码，当 EV3 的距离传感器检测到距离物体小于 5 时，将 y 坐标增加 (-1 * 高度)，也就是向下移动，播放声音“Basketball Bounce”，表示篮球撞击地面。等待 0.2 秒后，将 y 坐标增加变量“高度”，表示从地面反弹。将变量“分数”加 1。

第三段代码，当按下 EV3 的端口 2 连接的触动传感器的按钮时，将变量“高度”增加 10。第四段代码，当按下 EV3 的端口 3 连接的触动传感器的按钮时，将变量“高度”减少 10。

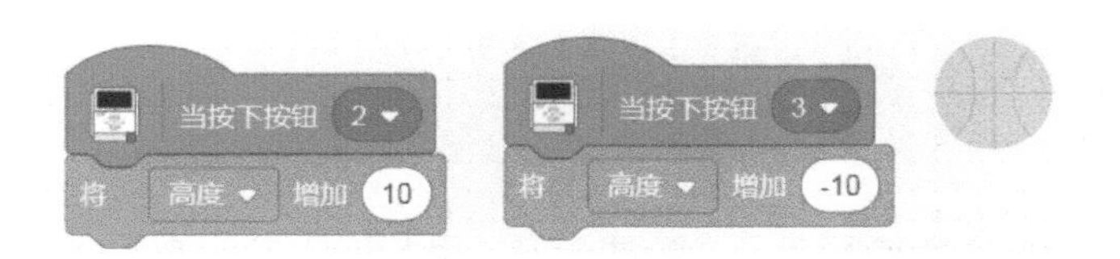

第 5 步 选中“Flag”角色，编写代码。第一段代码，当点击绿色旗帜时，隐藏角色。一直等待，直到变量“分数”大于 10 后，显示角色。然后广播“wave flag”消息，播放声音 Tada。

第二段代码，当接收到“wave flag”消息，重复一个 3 次循环。将 EV3 的端口 A 连接的马达正转 0.2 秒，等待 0.1 秒后，将该马达反转 0.2 秒，等待 0.1 秒。通过这段循环代码，可以让马达自动旋转。

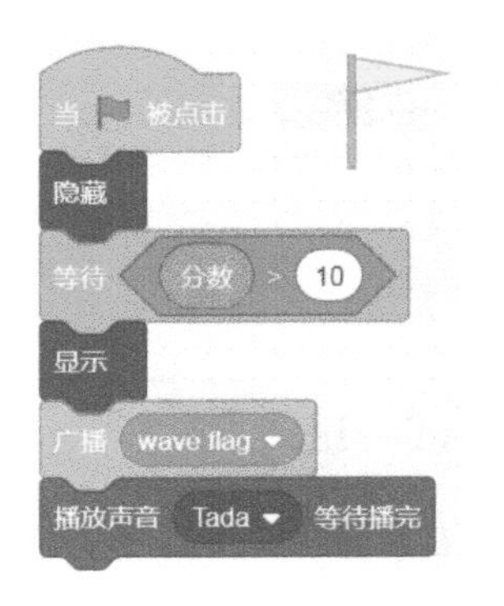

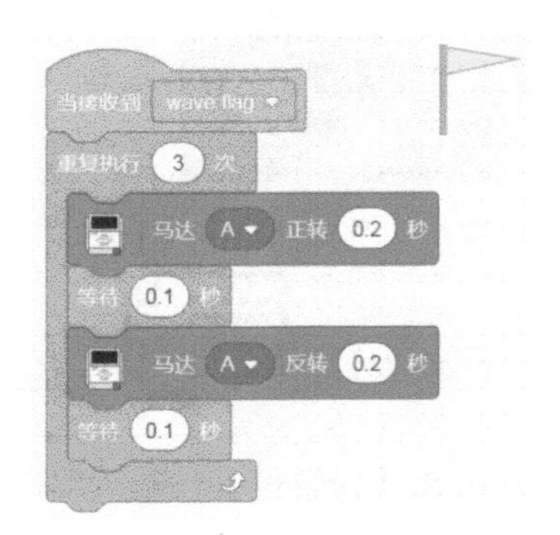

第三段代码，当接收到“wave flag”消息，让角色面向 60 方向。重复一个循环 3 次。每次循环中，右转 60 度，等待 0.3 秒，左传 30 度，等待 0.3 秒。通过这段代码，可以让旗子摇动起来。

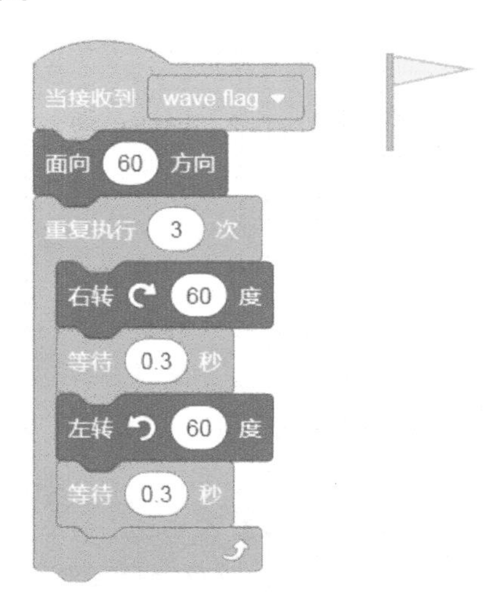

好了，这个程序就编写完了。尝试一下，用 LEGO EV3 来拍篮球吧！你还可以调节篮球的反弹高度，并且可以让马达自动旋转。

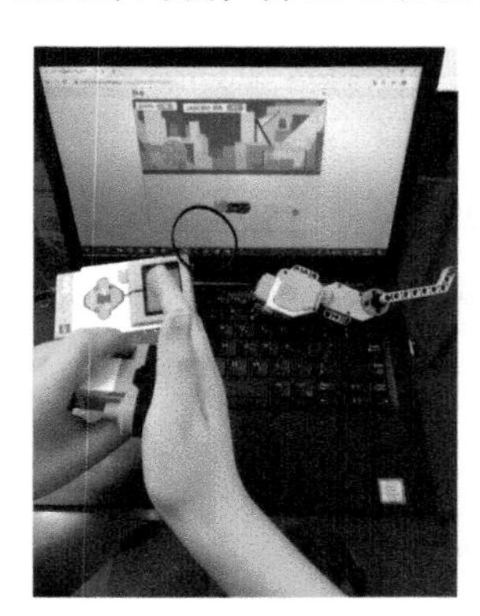

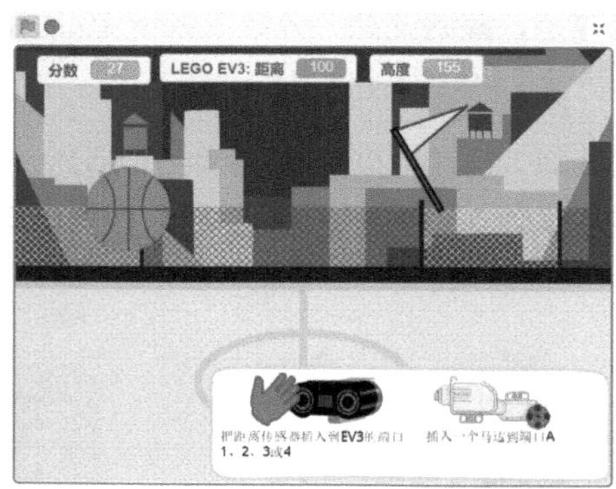

想一想，试一试

我们在 20.3 节介绍过 Elf 遇到机器人的代码。尝试一下，能否通过 LOGO EV3 来操控机器人？比如，能否通过按下按钮来让机器人飞向太空？然后再通过按下按钮让机器人回到地球？

第 24 课　打鸭子

24.1　游戏简介

本章介绍一个完整的程序，利用这个程序，把我们综合运用在之前的课程中学过的知识。因为整体性和综合运用是学习中的一个关键的步骤，只有将所学的知识综合应用到实际中去，在实际生活中获取的知识才是真正有价值的知识。

我们要介绍的程序是一款叫作“打鸭子”的游戏，它是模仿任天堂公司的经典游戏“打鸭子”（Duck Hunt）而设计的一款简单的射击类游戏。游戏十分简单，玩家只需要通过点击鼠标来射击飞翔的鸭子。

在本章中，我们用 Scratch 3.0 来编写一个简单版本的打鸭子。玩家用瞄准器对准鸭子开枪，如果射中鸭子，就会播放一条狗去把鸭子捡起来的动画，如果 3 枪都没有打中鸭子，就会看到鸭子飞走的动画。游戏的画面效果如下图所示。

因为这是一个完整的游戏，要具备一定的趣味性，所以和前面介绍过的项目相比，其程序的复杂度会更大一些。这款游戏共包含 10 个角色，分别是 FlyDuck（飞行中的鸭子）、Dog（捡鸭子的狗）、Sight（瞄准器）、Duck1（第 1 只鸭子）、Duck2（第 2 只鸭子）、Duck3（第 3 只鸭子）、BrushWood（灌木丛）、Info（提示信息）、Shot（剩余子弹数）和 GameOver（游戏结束提醒）。

另外，我们还创建了 8 个针对所有积木的变量，这些变量分别是：

ducknumber： 表示第几只鸭子。

hitducks： 表示击中了几只鸭子。

duckx： 表示鸭子的 x 坐标位置。

duck1dead： 表示第 1 只鸭子是否被击中。

duck2dead： 表示第 2 只鸭子是否被击中。

duck3dead： 表示第 3 只鸭子是否被击中。

shots： 表示剩余子弹数量。

gameover： 表示游戏是否结束。

24.2 游戏编程

1. 背景

第 1 步 从本地素材中选择“Background1.png”和“Background2.png”文件作为背景的造型。

第 2 步 从本地素材中选择“bgm.wav”文件作为背景音效。

第 3 步 选中背景，开始编程。第一段代码，当点击绿色旗帜时，使用 Background1 作为背景，然后初始化变量。接下来会一直循环播放 bgm 作为背景音乐，直到按下空格键才会停止循环。

第二段代码，当按下空格键，停止所有声

音，广播“游戏开始”消息。这段代码表示，空格键是游戏的开关，按下空格键，就可以启动游戏了。

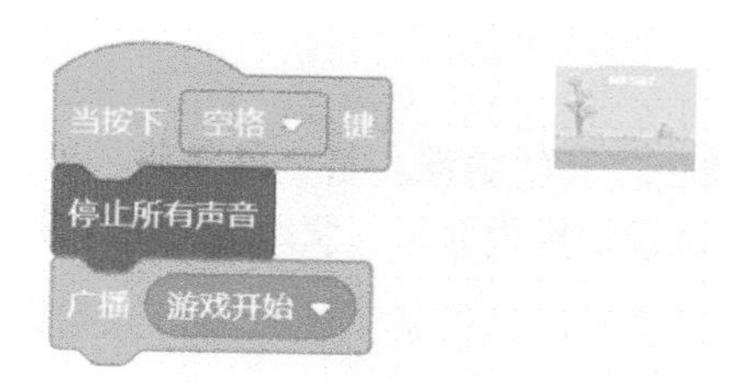

第三段代码，当接收到“鸭子飞了”消息，背景换成“Background2”。第四段代码，当接收到“失落”消息，背景换成“Background1”。

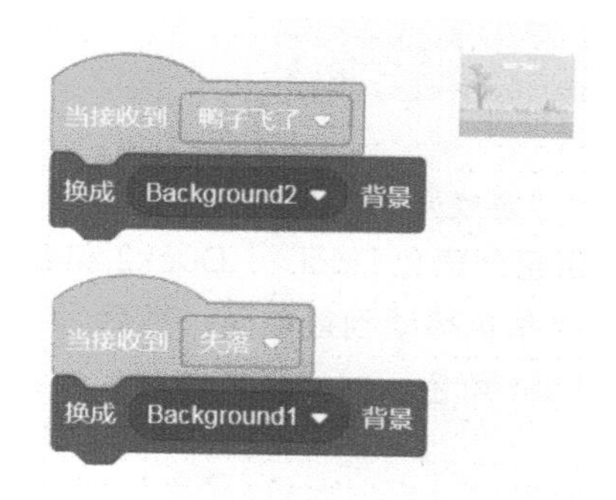

2. BrushWood角色

第1步 从素材中选择“BrushWood.png”文件作为角色的造型。

第2步 选中角色，开始编程。这个角色只有一段代码，当点击绿色旗帜时，将角色移动到指定位置。然后将角色移动到最前面，再后移5层，以保证玩家既可以看到这个角色，又不会遮挡其他角色。然后显示角色。

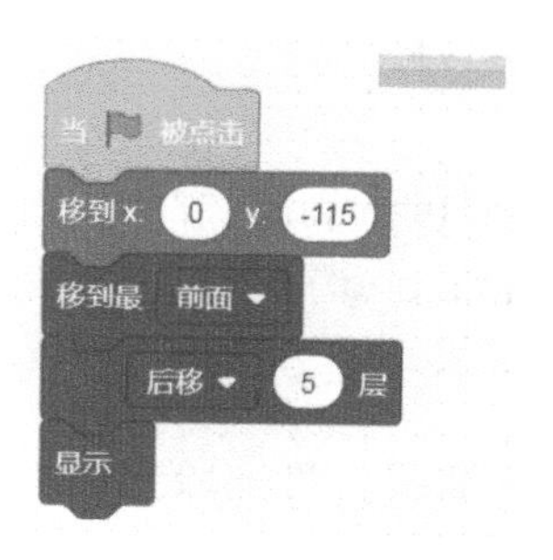

3. Info角色

第1步 从本地素材中选择“Info.png”和“HitCounter.png”文件作为角色的造型。

第2步 选中 Info 角色，开始编程。第一段代码，当点击绿色旗帜时，将角色移动到指定位置，并且将造型切换为 Info，使用这个造型来提示玩家“按下空格键开始游戏”。

第二段代码，当接收到“游戏开始”消息，将角色移动到指定位置。将造型切换为 HitCounter，这个造型会配合角色 Duck1、Duck2 和 Duck3，表现出击中几只鸭子的效果。等待 0.03 秒。将角色移动到最前面，然后后移两层，保证玩家既可以看到这个角色，又不会遮挡 Sight 角色。

4. Shot角色

第1步 从本地素材中选择“1shot.png”“2shots.png”“3shots.png”和“NoShots.png”文件作为角色的造型。

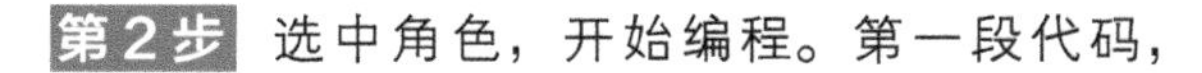

第2步 选中角色，开始编程。第一段代码，

当点击绿色旗帜时，隐藏角色。

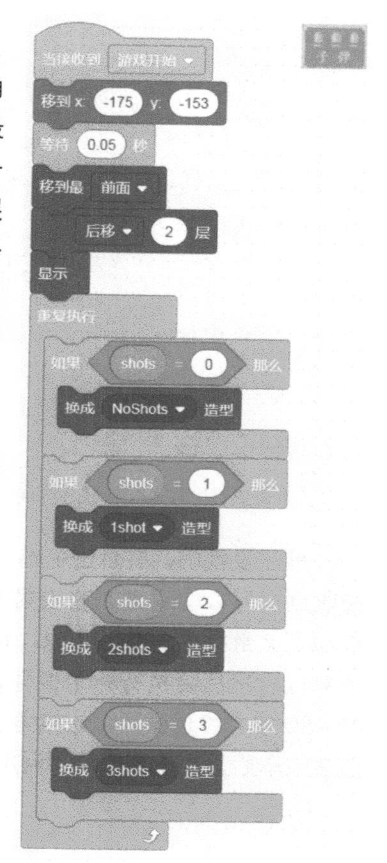

第二段代码，当接收到“游戏开始”消息，将角色移动到指定位置。等待0.05秒。将角色移动到最前面，然后再后移两层。显示角色。然后重复执行一个循环。根据变量Shots的值，切换造型，以此来展现还剩下几颗子弹。如果Shots等于0，表示没有子弹了；如果等于1，表示还有1颗子弹；如果等于2，表示还有2颗子弹；如果等于3，表示还有3颗子弹。

5. Dog角色

第1步 从本地素材中选择“Dog1.png”“Dog2.png”和“DogCaughtDuck.png”文件作为角色的造型。

第2步 从本地素材中选择“caughtduck.wav”和“doglaugh.wav”文件作为音效。

第3步 选中角色，开始编程，这个角色一共有四段代码。第一段代码，当接收到“游戏开始”消息时，将角色移动到指定位置，也就是灌木丛的下方。接下来，将角色移动到最前面，然后后移8层，隐藏角色。

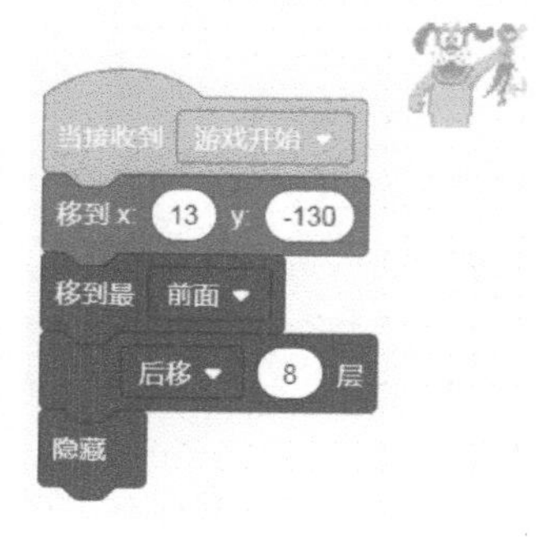

第二段代码是一个自制积木，名字叫“隐藏狗”。这个角色的其他代码会使用这个自制积木。在“隐藏狗”这个自制积木中，首先会执行一个循环，循环中会将角色向下移动4个单位，直到y坐标等与−130才会终止循环，这样角色就可以隐藏到灌木丛后边。等待0.5秒。然后判断变量gameover是否等于0，也就是判断游戏是否结束，如果gameover等于0表示游戏没有结束，那么继续执行下面的代码。判断变量ducknumber是否小于3：如果满足条件，表示这不是最后一只鸭子，所以广播“下一只鸭子”消息；否则，如果变量ducknumber大于等于3，表示这是最后一只鸭子，广播“检查鸭子”消息。

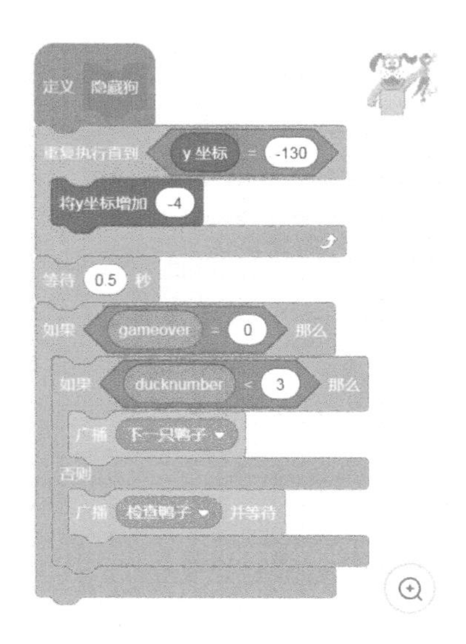

第三段代码，展示击中鸭子后，狗去把鸭子捡起来的动画效果。具体内容是，当接收到“开心”消息，将造型切换为“DogCaughtDuck”造型。显示角色。将角色移动到 x 坐标为变量 duckx，也就是鸭子的位置，y 坐标为当前坐标，也就是 −130 个单位。然后会执行一个循环，循环中会将角色向上移动 4 个单位，直到 y 坐标等与 −30 才会终止循环，这样角色就可以从灌木丛下面升上来。播放声音 caughtduck，播放完毕后，等待 0.5 秒，调用自制积木“隐藏狗”。

第四段代码，展现了3颗子弹都没有击中鸭子后，出现狗的动画效果。具体内容是，当接收到“失落”消息，将造型切换为“Dog1”造型。显示角色。将角色移动到x坐标为变量duckx，y坐标为当前坐标处。然后会执行一个循环，循环中每次将角色向上移动4个单位，直到y坐标等与–30才会终止循环，这样角色就可以从灌木丛下面升上来。播放声音doglaugh。然后重复一个循环10次。在循环体中，将造型切换为Dog1，等待0.1秒后，将造型切换为Dog2，等待0.1秒后，完成一次循环。循环结束后，调用自制积木“隐藏狗”。

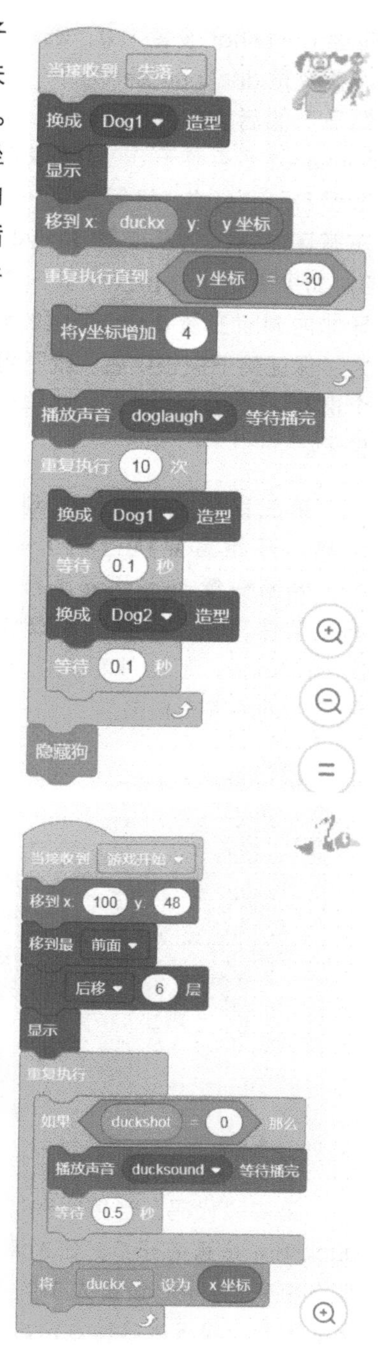

6. FlyDuck角色

第1步 从本地素材中选择“DuckLeft1.png”“DuckLeft2.png”“DuckLeft3.png”“DuckLeft4.png”“FlyAway1.png”“DuckShot.png”和“DuckFall.png”文件作为角色的造型。

第2步 从本地素材中选择“ducksound.wav”和“duckdrop.wav”文件作为音效。

第3步 增加两个角色变量“direc”和“duckshot”，分别表示鸭子移动方向和是否可以射击。

第4步 选中角色，开始编程，一共有十段代码。第一段代码，当接收到“游戏开始”消息，将角色移动指定位置。接下来将角色移动到最前面，然后后移6层，显示角色。然后重复执行一个循环。判断变量duckshot是否等于0，如果满足条件，播放声音ducksound。然后等待0.5秒。接下来，将角色的x坐标赋值给变量duckx，Dog角色会用到这个变量，Dog角色出现的位置由这个变量决定。

第二段代码，当接收到“游戏开始”消息，将变量 duckshot 设置为 0，表示还可以射击。设置变量 ducknumber 为 1，表示是第 1 只鸭子。然后重复执行一个循环。判断变量 duckshot 是否等于 0，如果满足条件，换成造型 DuckLeft1。然后重复一个循环 4 次，在循环体内，判断变量 duckshot 是否等于 0，如果满足条件，换成下一个造型。在循环体内判断变量 duckshot 的值的目的就是为了保证鸭子被击中后，就不再切换到下一个造型。通过这段代码，让鸭子做出飞行的样子。

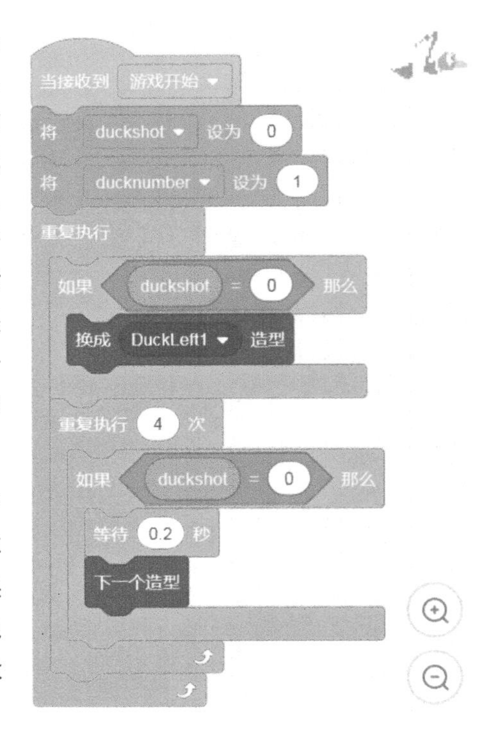

第三段代码，当接收到“游戏开始”消息，开始重复执行一个循环。在循环中，判断变量 duckshot 是否等于 0，如果满足条件，并且没有碰到舞台边缘和角色 BrushWood，那么就移动 2 步。通过这段代码，让鸭子动起来。

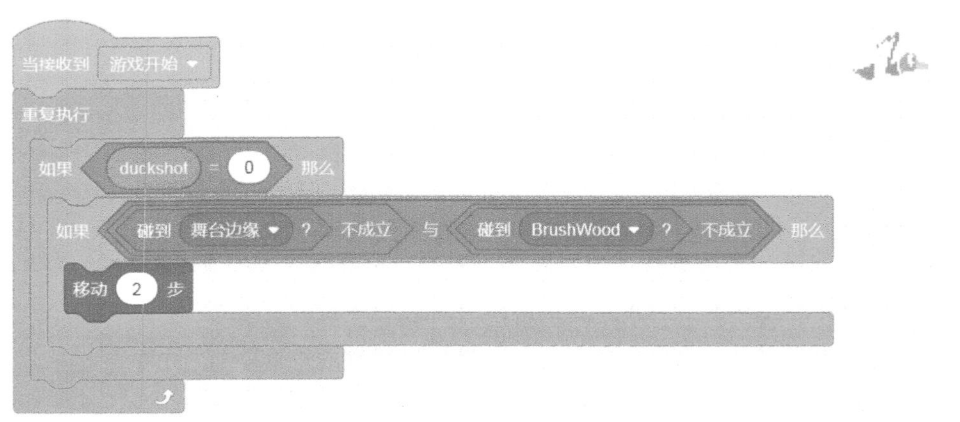

第四段代码，当接收到“游戏开始”消息，开始重复执行一个循环。判断变量 duckshot 是否等于 0，如果满足条件，并且没有碰到舞台边缘和角色 BrushWood，那么将变量 direc 设置为 1 到 4 之间的一个随机数。然后根据 direc 的值，来调整角色的方向。接下来等待 0.5 到 2 秒之间的一个随机时间。通过这段代码，让鸭子飞行的方向变得不确定，使得游戏更具有趣味性。

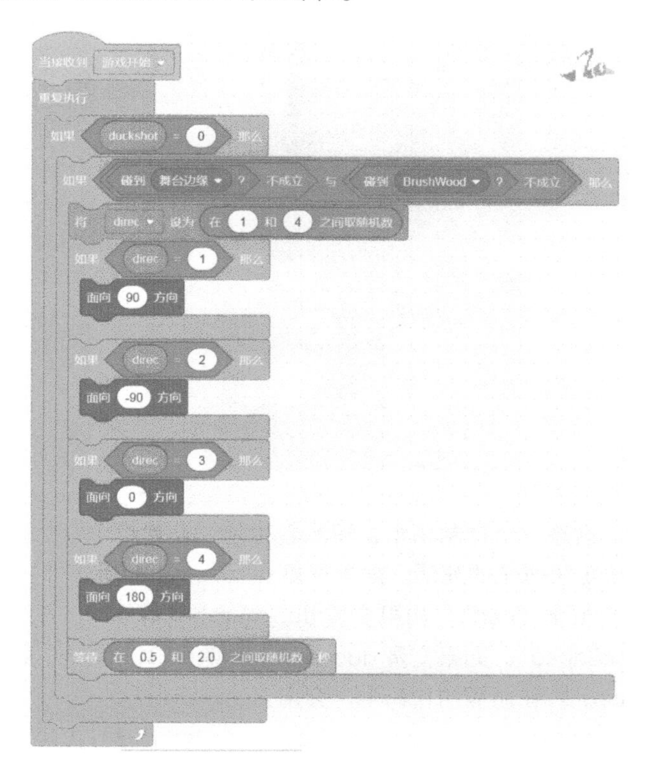

第五段代码，当接收到“游戏开始”消息，开始重复执行一个循环。判断变量 duckshot 是否等于 0，如果满足条件，让角色碰到边缘就反弹。如果碰到角色“BrushWood”，让角色向上方移动 10 个单位。等待 1 秒。通过这段代码，让鸭子碰到边缘或者灌木丛时就向相反方向飞去。

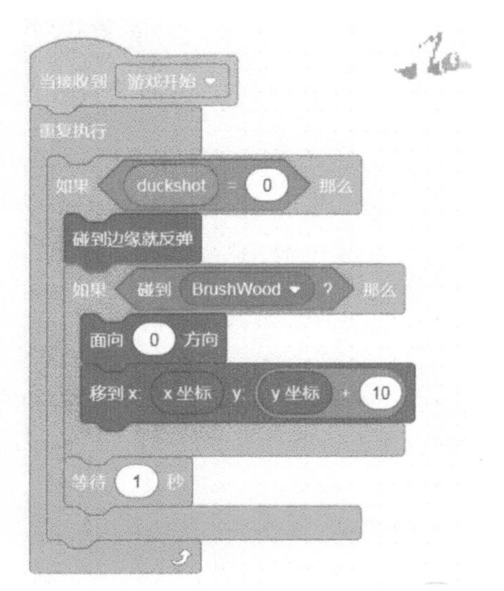

第六段代码，当接收到“检查是否击中”消息，判断是否碰到鼠标，如果满足条件，广播消息“击中鸭子”。如果没有碰到鼠标，将变量 shots 减 1，表示用掉 1 颗子弹，如果变量 shots 等于 0，表示用了 3 颗子弹，那么广播消息“鸭子飞了”。通过这段代码，判断是否打中鸭子。

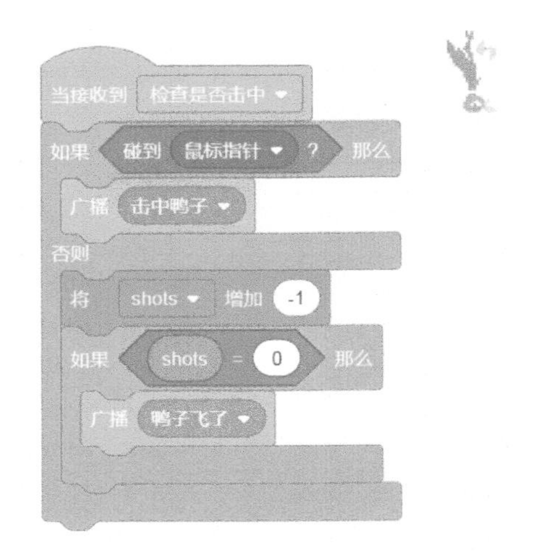

第七段代码，这是一个自制积木，积木名称是“设置鸭子”。它有一个参数叫作“状态”，该参数决定了鸭子的死活。如果变量 ducknumber 等于 1，那么将参数“状态”赋值给变量“duck1dead”；如果变量 ducknumber 等于 2，那么将参数“状态”赋值给变量“duck2dead”；如果变量 ducknumber 等于 3，那么将参数“状态”赋值给变量“duck3dead”。在后面的代码中，会用到这个自制积木。

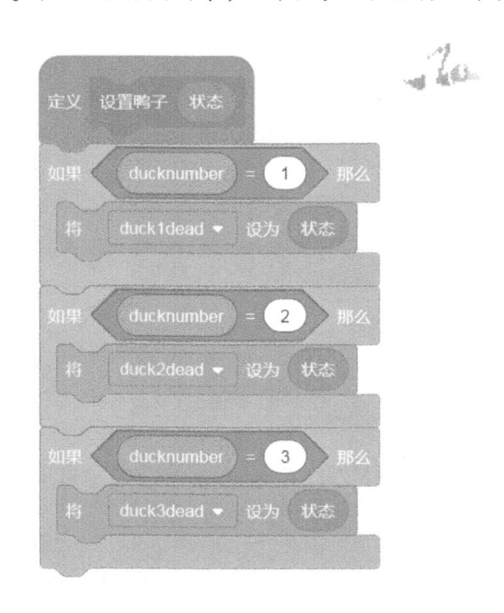

第八段代码，当接收到“击中鸭子”消息，将变量duckshot设置为1，表示不可以射击。换成DuckShot造型，等待0.5秒后，换成DuckFall造型。重复执行循环，将y坐标减4，直到碰到角色“BrushWood”才会停止这个循环，这样就表现出鸭子坠落的场景。播放声音“duckdrop”。隐藏角色。广播“开心”消息。然后调用自制积木“设置鸭子”，设置“状态”参数为1，表示鸭子死了。

第九段代码，当接收到“鸭子飞了”消息，将变量duckshot设置为1，造型切换成FlyAway。重复执行循环，将y坐标加4，直到碰到舞台边缘才会停止这个循环，表现鸭子飞走了的场景。隐藏角色。广播“失落”消息。然后调用自制积木“设置鸭子”，设置“状态”参数为0，表示鸭子还活着。

第十段代码，当接收到“下一只鸭子”消息，将变量ducknumber加1，将角色移动到指定位置，将变量duckshot设置为0，将变量direc设置为1，显示角色。

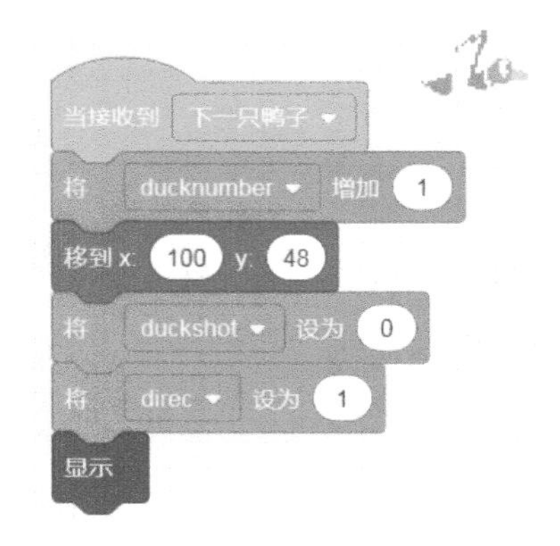

7. Duck1 角色

第1步 从本地素材中选择“Duck1.png”和“Duck2.png”文件作为角色的造型。

第2步 从本地素材中选择“win.wav”和“lose.wav”文件作为音效。

第3步 选中角色，开始编程。第一段代码，当点击绿色旗帜时，将虚像特效设置为0，隐藏角色。

第二段代码，当接收到“游戏开始”消息，将角色移动到指定位置，等待0.09秒。然后将角色移动到最前面，显示角色。然后重复执行一个循环。如果变量duck1dead等于0，换成Duck1造型，表示鸭子还活着。如果变量ducknumber等于1，将虚像设置为1000，等待0.25秒后，将虚像特效设置为0，等待0.25秒，这样的话，角色就有闪烁的效果；如果ducknumber不等于1，将虚像特效设置为0。如果变量duck1dead不等于0，换成Duck2造型，表示鸭子死了。

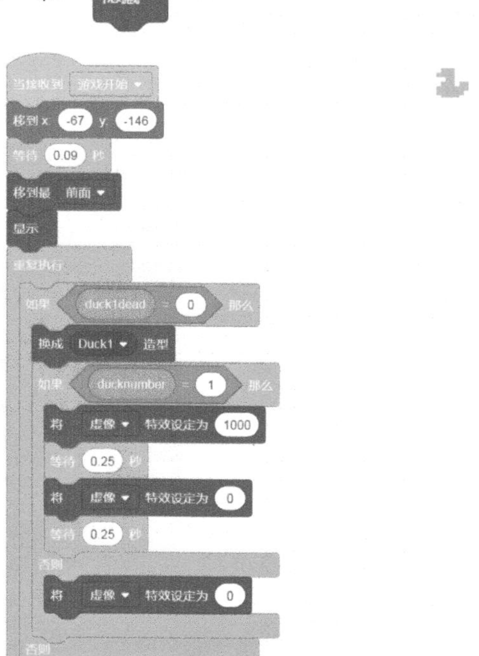

第三段代码，当接收到“检查鸭子”消息，如果变量 duck1dead 等于 1，将变量 hitducks 加 1，表示多了一只死鸭子。等待 0.3 秒。然后广播“duck1 闪烁”消息、“duck2 闪烁”消息和“duck3 闪烁”消息。如果变量 hitducks 大于 2，表示打死了 3 只鸭子，播放声音“win”；否则，播放声音“lose”。最后，将变量“gameover”设置为 1，广播“游戏结束”消息，表示游戏结束。

第四段代码，当接收到“duck1 闪烁”消息，重复一个 8 次的循环。循环体内将虚像设置为 1000，等待 0.25 秒后，将虚像特效设置为 0，等待 0.25 秒。

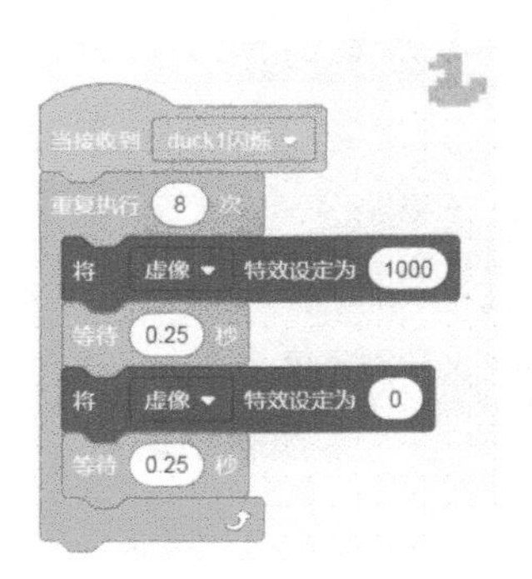

8. Duck2角色

第1步 从素材中选择“Duck1.png”和“Duck2.png”文件作为角色的造型。

第2步 选中角色，开始编程。第一段代码，当点击绿色旗帜，将虚像特效设置为0，隐藏角色。

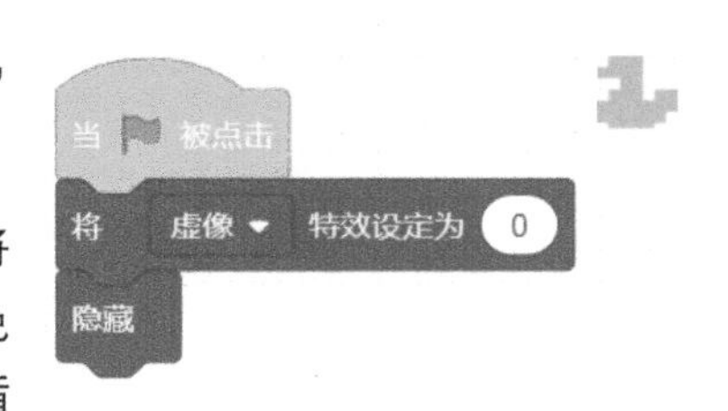

第二段代码，当接收到“游戏开始”消息，将角色移动到指定位置，等待0.09秒。然后将角色移动到最前面，显示角色。然后重复执行一个循环。如果变量duck2dead等于0，换成Duck1造型，表示鸭子还活着。如果变量ducknumber等于2，将虚像设置为1000，等待0.25秒后，将虚像特效设置为0，等待0.25秒；如果变量ducknumber不等于2，将虚像特效设置为0。如果变量duck2dead不等于0，换成Duck2造型，表示鸭子死了。

第三段代码，当接收到“检查鸭子”消息，如果变量 duck2dead 等于 1，将变量 hitducks 加 1，表示多了一只被打死的鸭子。

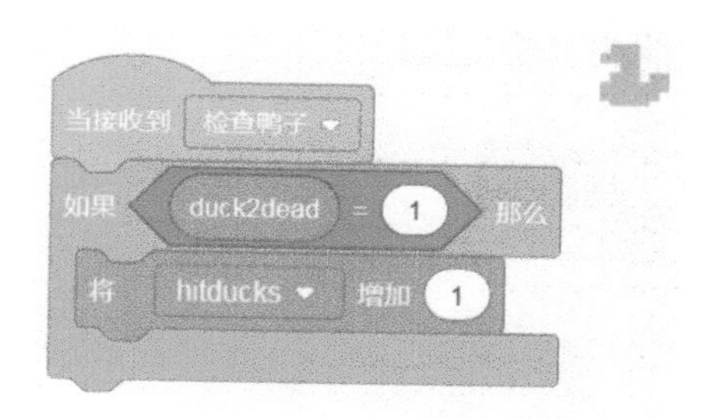

第四段代码，当接收到“duck2 闪烁”消息，重复一个 8 次的循环。在循环体内，将虚像设置为 1000，等待 0.25 秒后，将虚像特效设置为 0，再等待 0.25 秒。

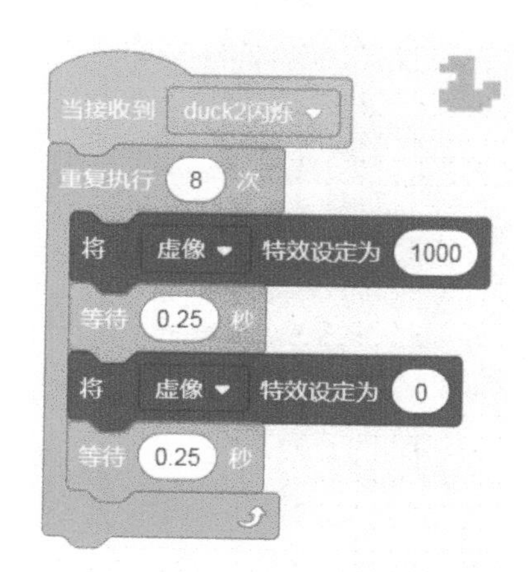

9. Duck3 角色

造型和代码与 Duck2 相似，这里不再赘述，直接列出代码。第一段代码如下图所示。

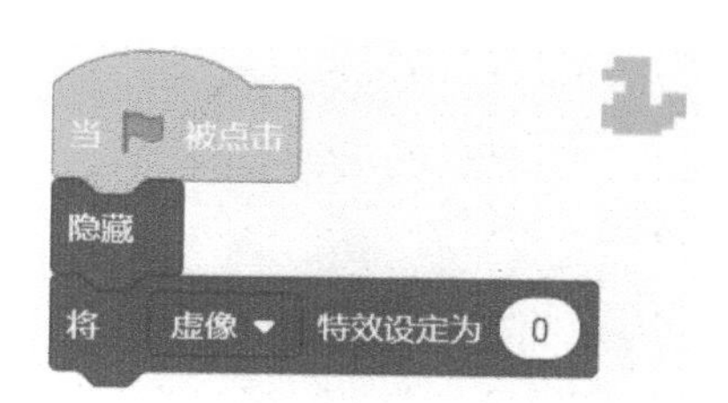

第二段代码如下图所示。

第三段代码如下图所示。

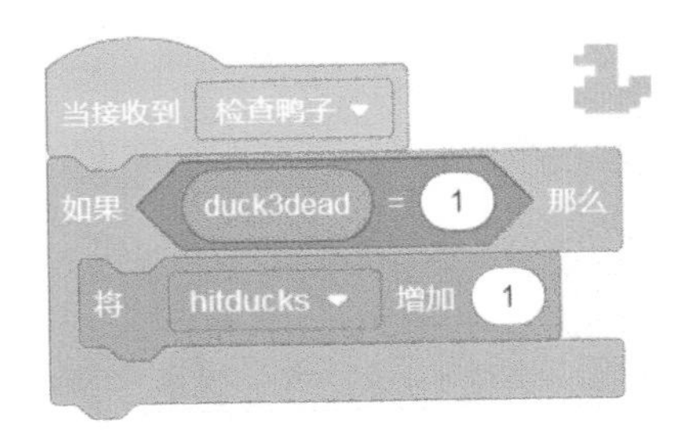

第四段代码如下图所示。

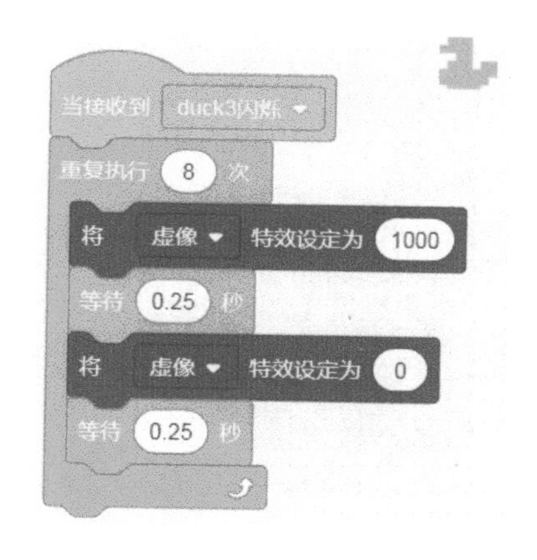

10. Sight 角色

第 1 步 从本地素材中选择“Sight.png”文件作为角色的造型。

第 2 步 从本地素材中选择“blast.wav”文件作为音效。

第 3 步 定义一个角色变量“cutscene”，当它等于 1 的时候，就不能射击。

第 4 步 选中角色，开始编程，一共有六段代码。第一段代码，当点击绿色旗帜，隐藏角色。

第二段代码，当接收到“游戏开始”消息，设置变量 cutscene 等于 0。重复执行一个循环。判断变量 cutscene 是否等于 0，如果条件满足，并且按下鼠标，而且变量 shots 大于 0，那么会播放声音 blast，广播“检查是否击中”消息。然后会等待 0.2 秒。通过这段代码，实现了射击动作。

第三段代码，当接收到“游戏开始”消息，显示角色。然后重复执行一个循环。将角色的 x 坐标设置为鼠标的 x 坐标，将角色的 y 坐标设置为鼠标的 y 坐标，表示角色会随着鼠标来移动，鼠标的位置就是角色的位置。然后将角色移动到最上面。

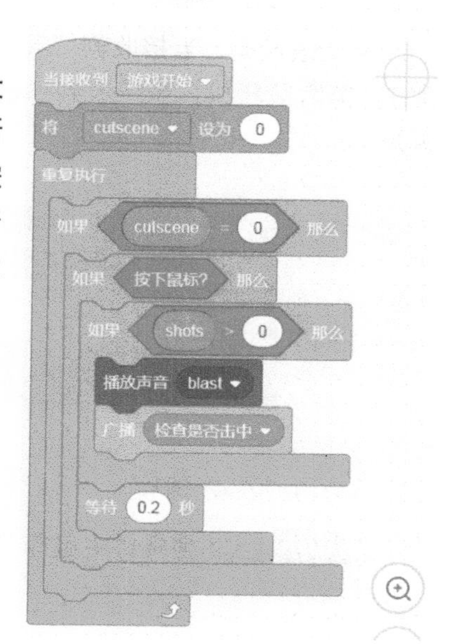

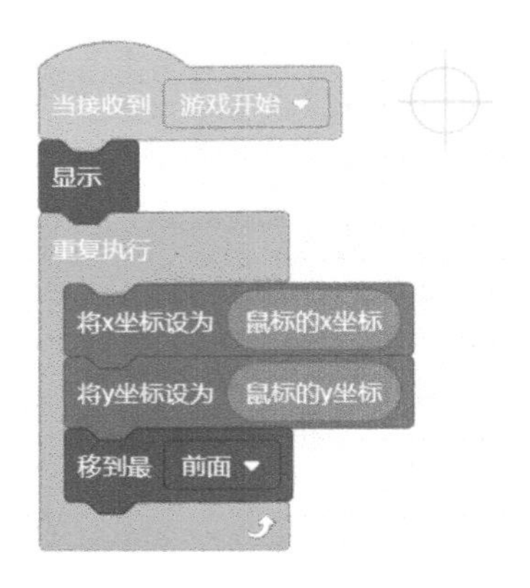

第四段代码，当接收到“下一只鸭子”消息，将变量 shots 设置为 3，显示角色，并且将变量 cutscene 设置为 0。

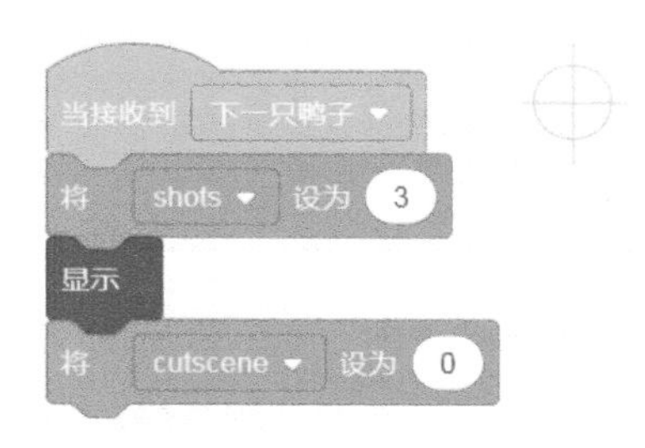

第五段代码，当接收到“鸭子飞了”消息，隐藏角色，并将变量 cutscene 设置为 1。第六段代码，当接收到“击中鸭子”消息，隐藏角色，并将变量 cutscene 设置为 1。

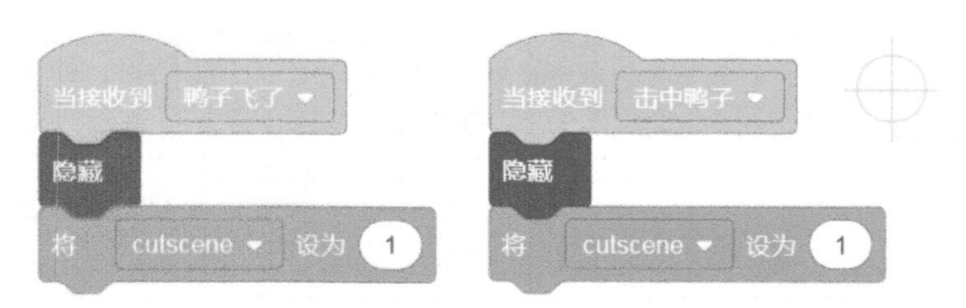

11．GameOver角色

第 1 步 从本地素材中选择“GameOver.png”文件作为角色的造型。

第2步 选中角色，开始编程。第一段代码，当点击绿色旗帜时，向后移8层，将角色移动到指定位置，隐藏角色。第二段代码，当接收到“游戏结束”消息时，显示角色，广播“失落”消息，并且停止全部脚本。

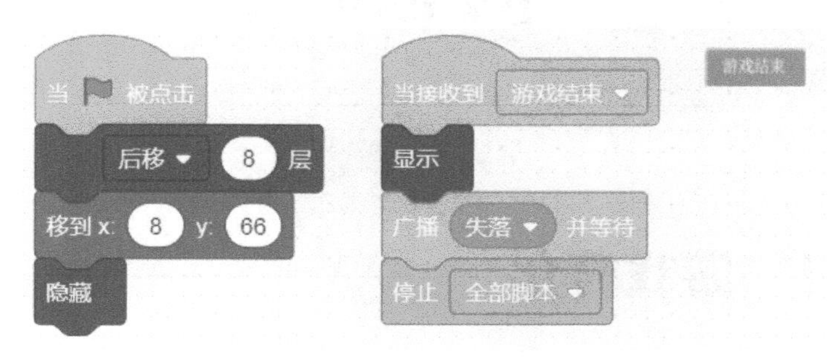

到这里，我们就用 Scratch 3.0 编写并实现了经典的街机游戏“打鸭子”。快自己动手玩一玩，享受一下这款游戏的乐趣吧！

第 25 课 愤怒的小鸟

25.1 游戏简介

本章我们要介绍的程序是一款叫作“愤怒的小鸟”的游戏。“愤怒的小鸟”是Rovio公司开发的一款休闲益智类游戏，讲述了小鸟为了报复偷走鸟蛋的小猪们，以自己的身体为武器，就像炮弹一样去攻击小猪的堡垒。游戏的玩法很简单，将弹弓上的小鸟弹出去，砸到绿色的小猪，将小猪全部砸到就能过关。

在本章中，我们用 Scratch 3.0 来编写一个简单版本的“愤怒的小鸟”。玩家用鼠标控制鸟儿弹出的角度和力度，要注意采用适当的力度和角度才能更准确地砸到小猪。被弹出的鸟儿会留下弹射轨迹，可供玩家参考并调整角度和力度。游戏的画面效果如下图所示。

这款游戏共包含 16 个角色，分别是 Launcher（弹弓架）、Sling（弹弓弦）、Angry Bird（愤怒的小鸟）、Pig1（第 1 只小猪）、Pig2（第 2 只小猪）、1HStick（第 1 根横着的木棍）、2HStick（第 2 根横着的木棍）、3HStick（第 3 根横着的木棍）、1VStick（第 1 根竖着的木棍）、2VStick（第 2 根竖着的木棍）、3VStick（第 3 根竖

着的木棍）、1VGlass（第 1 根竖着的玻璃柱）、2VGlass（第 2 根竖着的玻璃柱）、Button（按钮）、Birds（剩余的小鸟数目）、Level（关卡）。虽然角色看上去有点多，但是小猪、木棍和玻璃柱的代码几乎一样，所以整体难度并不大。

另外，我们还创建了 3 个针对所有积木的变量，这些变量分别是：

Birds： 表示剩余几只小鸟。

Pig： 表示击中了几只小猪。

Level： 表示游戏当前的关卡。

25.2 游戏编程

1. 背景

第 1 步 从本地素材中选择“Game World.png”和“Game Over.png”文件作为背景的造型。

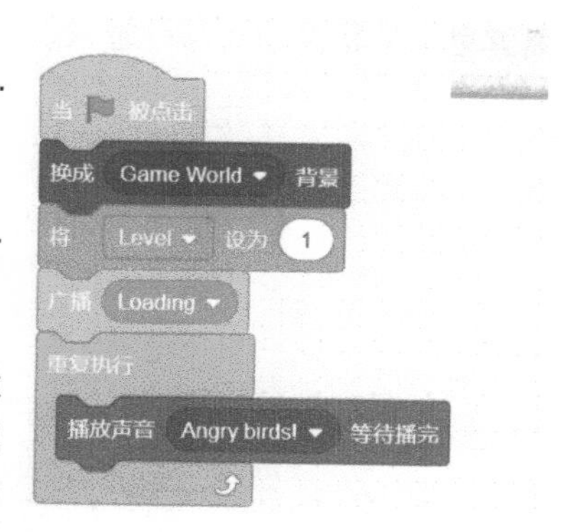

第 2 步 从本地素材中选择“Angry birds!.wav”文件作为背景音效。

第 3 步 选中背景，开始编程。背景只有一段代码，当点击绿色旗帜按钮时，使用 Game World 作为背景。然后将变量“Level”设置为 1，表示初始的游戏关卡为 1。广播“Loading”消息，表示加载游戏。接下来会一直循环播放“Angry birds!”作为背景音乐。

2. Launcher 角色

第 1 步 从本地素材中选择“Launcher.png”文件作为角色的造型。

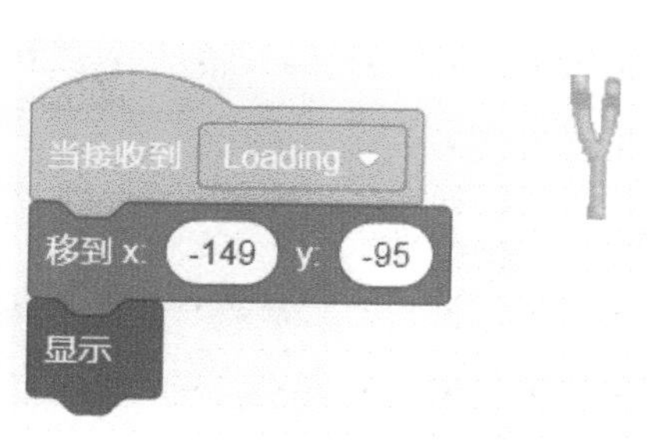

第 2 步 选中角色，开始编程。这个角色只有一段代码，当接收到“Loading”消息，将角色移动到指定位置，然后显示角色。

3．Sling角色

第1步 从本地素材中选择“Sling1.png”“Sling2.png”“Sling3.png”和“Sling4.png”文件作为角色的造型。

第2步 增加了一个角色变量“CN”，这个变量表示要使用的造型的编号。

第3步 选中角色，开始编程。第一段代码，接收到“Loading”消息，显示角色。然后开始重复一个循环，直到变量“Birds”等于0，循环才会终止。等待0.1秒。开始重复一个循环，直到Angry Bird角色的变量“InFlight”等于1后，循环才会结束。我们会在后面介绍Angry Bird角色的时候，再说明这个“InFlight”变量的含义和作用。将Sling角色移动到Launcher角色，让弹弓弦和弹弓在一起。面向Angry Bird角色。将Sling角色到Angry Bird角色的距离除以10的值四舍五入后得到的整数赋值给变量“CN”，小鸟离弹弓架的距离越远，变量“CN”的值越大。如果变量“CN”的值大于4，那么将“CN”设置为4，也就是说，“CN”最大值只能是4。将角色造型切换为变量“CN”对应的造型的编号，这样小鸟离弹弓架的距离越近弓弦越短，小鸟离弹弓架的距离越远弓弦越长。

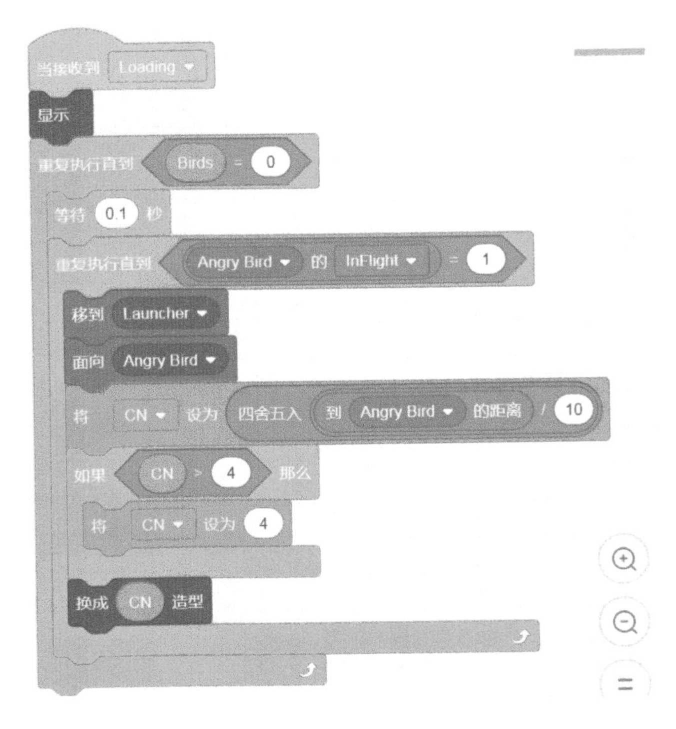

第二段代码，当接收到“Hiding”消息，切换为“Sling1”造型，隐藏角色。第三段代码，当接收到“Preparing”消息，显示角色。

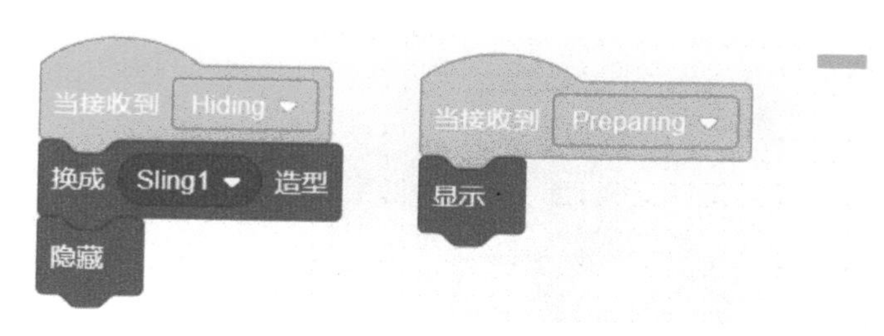

4．Angry Bird角色

第1步 从本地素材中选择“BirdOpenEye.png”和“BirdCloseEye.png”文件作为角色的造型。

第2步 从本地素材中选择“BirdFly.wav”和“Thud.wav”文件作为音效。

第3步 增加了角色变量“InFlight”“MaxPullBack”“V”“VX”“VY”“G”和“Ang”，这些变量的具体含义，我们会在介绍程序时说明。

第4步 选中角色，开始编程，一共有四段代码。第一段代码，当接收到“Loading”消息，设置变量“G”为 –0.1，这个变量用于调整小鸟飞行时 y 坐标，表示地心引力作用的效果。将变量“MaxPullBack”设置为 40，这个变量指定了弹弓最大长度，也就是弹射的最大力量就是 40。广播“Preparing”消息。

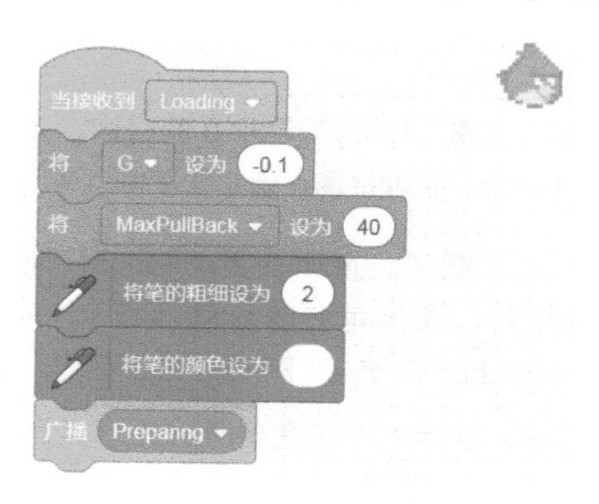

第二段代码，当接收到“Preparing ”消息，擦除全部笔迹，主要是为了擦除之前小鸟飞行轨迹。将角色移动到指定位置，面向 90 方向，移到最前面，显示角

色。重复一个循环，直到碰到 Launcher 角色，循环才会终止。面向 Launcher 角色，移动一步。通过上面这段代码，会产生将小鸟作为子弹上膛的效果。切换造型为“BirdOpenEye”，设置变量 InFilght 为 0，表示小鸟还没有处于战斗状态。

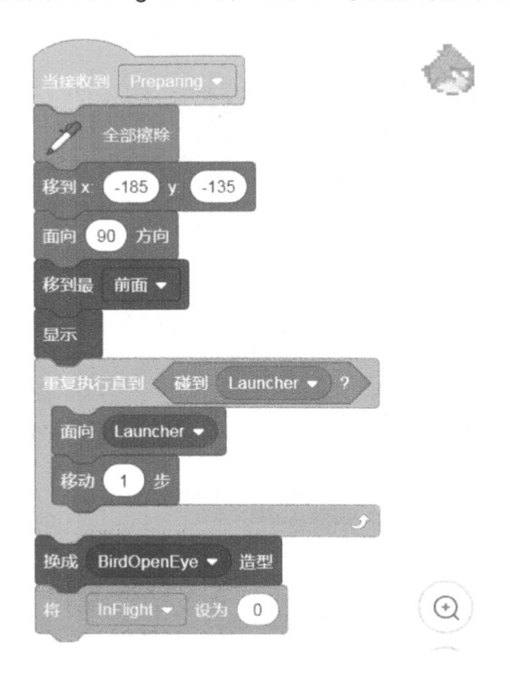

第三段代码，当接收到“Loading”消息，等待 0.1 秒，这个等待时间很重要，因为变量“Birds”从 0 变为 3 会有个时间差，如果没有 0.1 秒的等待，下面的循环可能就执行不了。

重复一个循环，只有当变量“Birds”等于 0 的时候，才会结束循环。等待，直到在 Angry Bird 角色上按下鼠标，也就是说，玩家要发射小鸟了，才会执行下面的代码。

接下来又要重复一个子循环，直到变量“InFight”等于 1 的时候，才会结束这个循环。移到鼠标指针，表示角色随着鼠标移动。面向角色 Launcher。如果 Angry Bird 角色到 Launcher 角色的距离大于变量“MaxPullBack”，移动 到 Launcher 的距离 - MaxPullBack 步，表示两个角色的最大距离就是“MaxPullBack”。这里需要注意，只有在全屏模式下，这个设置才会产生效果。如果按下鼠标不成立，也就是松开了鼠标按键，那么会执行下面的代码。将变量“V”设置为 0.25 * 到 Launcher 的距离，也就是小鸟到弹弓架的距离的四分之一。小鸟和弹弓架此刻构成了一个直角三角形，变量

"V"相当于是直角三角形一条斜边。将变量"Ang"设置为方向，这个变量相当于直角三角形的一个角。将变量VX设置为 V * sin Ang ，相当于直角三角形的一条直角边。将变量VY设置为 V * cos Ang ，相当于直角三角形的另一条直角边。在小鸟飞行中，会用到这几个变量。将造型切换为"BirdCloseEye"，这是飞行中的小鸟造型。将变量"InFlight"设置为1，表示要小鸟已经处于战斗状态。广播"Hiding"消息，角色Sling收到消息后，会隐藏弓弦。现在变量"InFlight"已经是1，所以子循环结束。

广播"Shooting"消息，表示小鸟要进攻了。

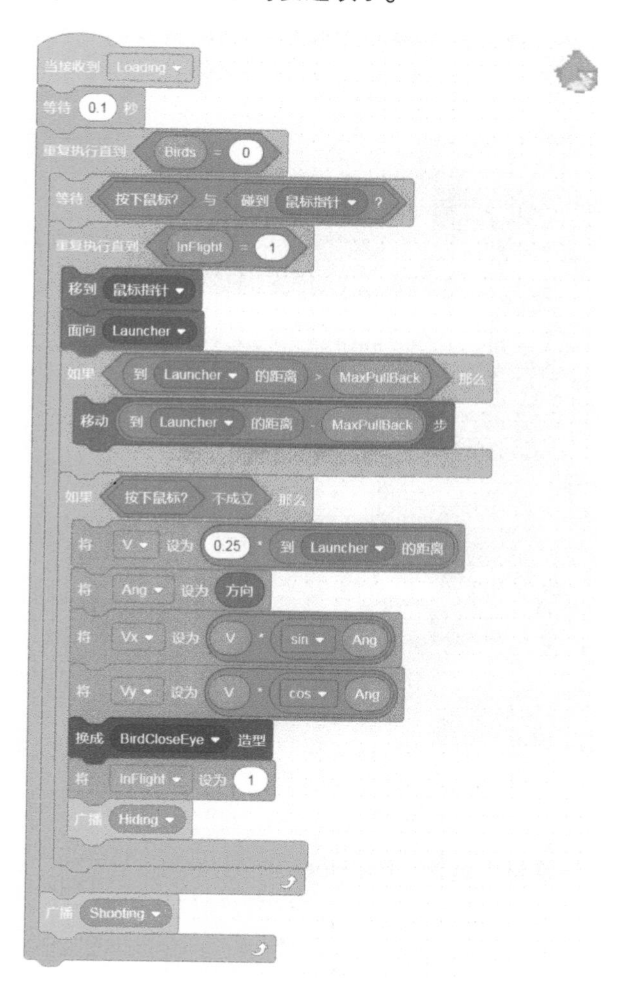

第四段代码，当接收到“Shooting”消息，播放声音“BirdFly”。

然后重复一个循环，直到角色碰到舞台边缘或者 y 坐标小于 –135，也就是角色出了屏幕或者碰到地面，才会结束循环。落下画笔，抬起画笔，这样就画下一个小白点，这是一个轨迹。移到 x 坐标为 x坐标 + Vx，y 坐标为 y坐标 + Vy，也就是按照刚才小鸟和弹弓的角度设置的坐标。将变量“Vy”增加变量“G”，表示地心引力对飞行轨迹产生影响，由于这个变量是负值，小鸟如果没有飞出屏幕，那么最终会落到地面上。这段循环代码实现了小鸟飞行并且画出了飞行轨迹的效果。

然后播放声音“Thud”，表示攻击完毕。将变量“Birds”减 1，表示用掉一只小鸟。等待 1 秒，这个等待是考虑到小猪和木棍掉落时的时间差。然后广播消息“Preparing”。

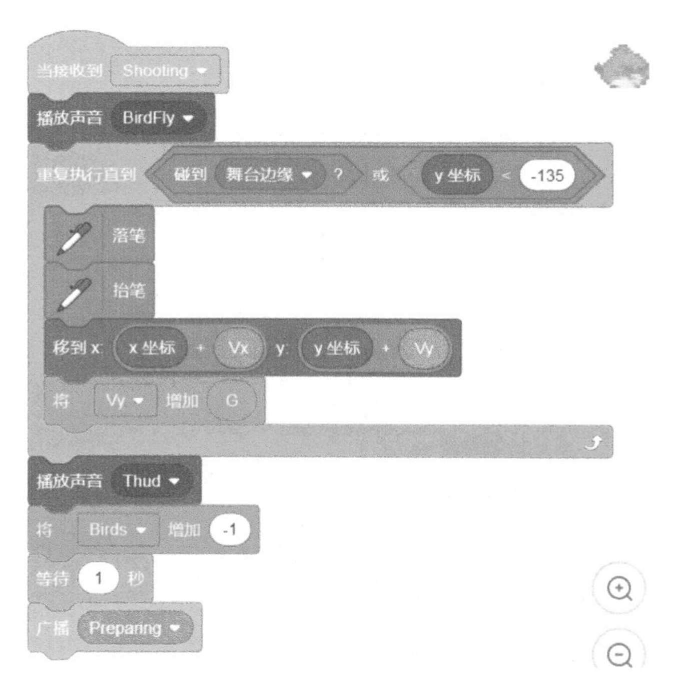

5. Pig1 角色

第 1 步 从本地素材中选择“Pig Head.png”和“Pig Broken.png”文件作为角色的造型。

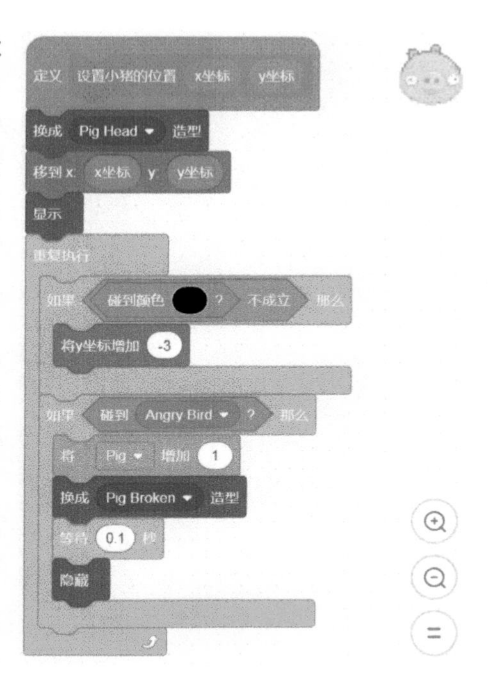

第2步 选中角色，开始编程。第一段代码，是一个自制积木，名为“设置小猪的位置”，它有两个参数，分别名为“*x* 坐标”和“*y* 坐标”。在这个自制积木中，先将角色的造型切换为 Pig Head。将角色移动到 *x* 坐标为参数“*x* 坐标”，*y* 坐标为参数“*y* 坐标”的指定位置。显示角色。然后重复一个循环。

如果碰到黑色不成立，就将 *y* 坐标减 3。这是因为我们木棍顶端、玻璃柱顶端以及地面的颜色都是黑色，所以当小鸟击中支撑小猪的木棍或玻璃柱，小猪就会从上面掉下来，直到碰到新的木棍或者地面，才会停止下移。

如果碰到 Angry Bird 角色，将变量“Pig”加 1，表示打中了小猪。造型切换为 Pig Broken，等待 0.1 秒后，隐藏角色，表示小猪死掉了。

小贴士

小猪、木棍和玻璃柱等角色，都会有这样一个类似的自制积木，其代码基本一样，只是所切换的造型有所不同而已，下面将不再重复介绍这个自制积木的代码。

第二段代码，当接收到“Loading”消息，隐藏角色，这是因为有可能用不到这只小猪，所以先隐藏起来。等待 0.1 秒，这是为了先摆放木棍或玻璃柱。接下来判断条件：如果变量“Level”等于 1，调用自制积木“设置小猪的位置”，指定它的参数为 92 和 –138；如果变量“Level”等于 2，调用自制积木“设置小猪的位置”，指定它的参数为 156 和 6；如果变量“Level”等于 3，调用自制积木“设置小猪的位置”，指定它的参数为 158 和 79；如果变量“Level”等于 4，调用自制积木“设置小猪的位置”，指定它的参数为 –53 和 –79。通过这段代码，我们就可以针对不同的关卡，指定小猪的摆放位置。

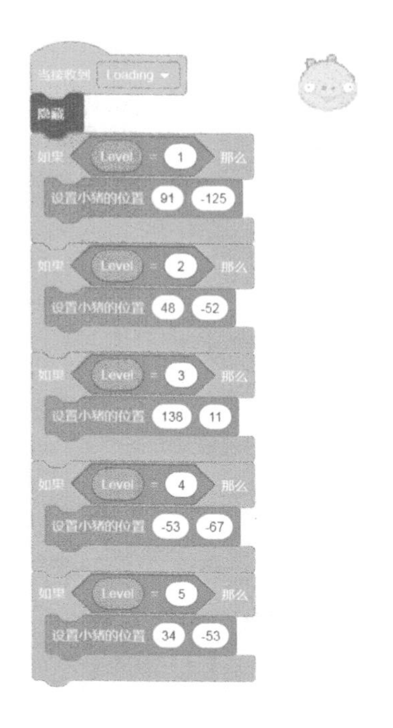

6. Pig2 角色

其造型和代码与 Pig1 基本一致，这里不再赘述。代码如下图所示。

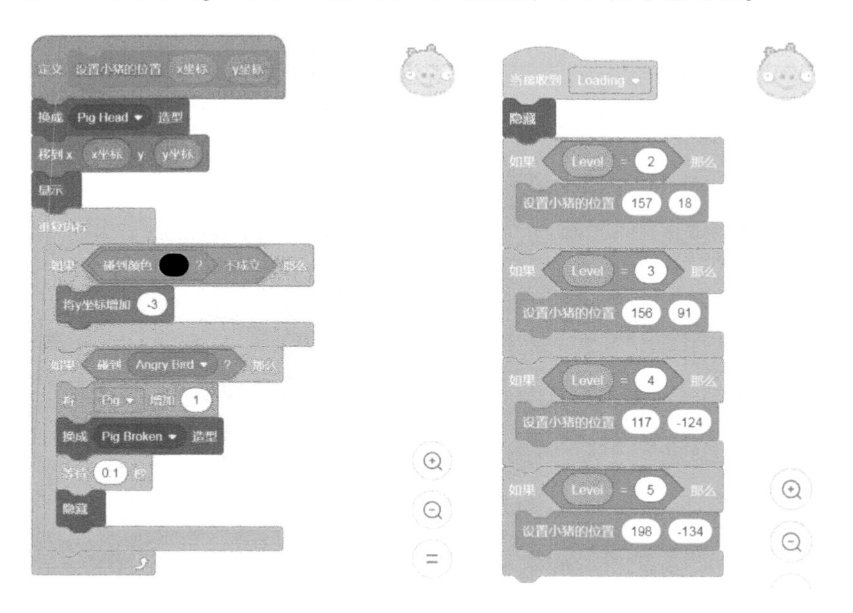

7．1HStick 角色

其造型和代码与 Pig1 基本一致，这里不再赘述。代码如下图所示。

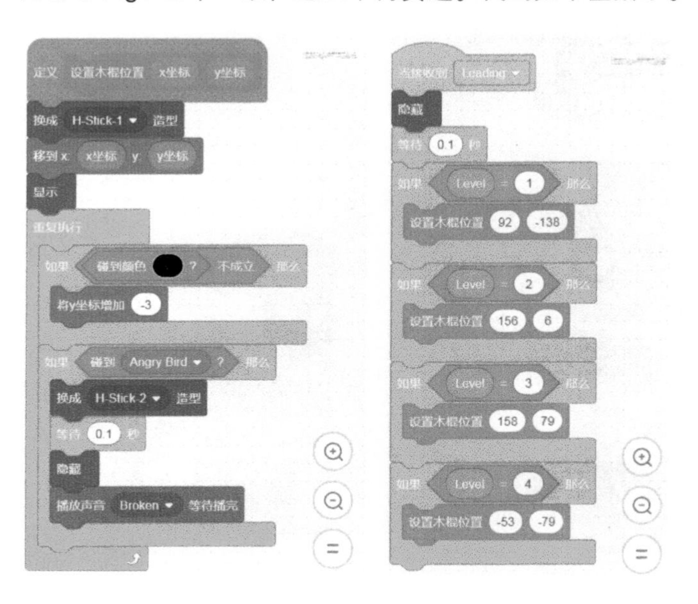

8．2HStick 角色

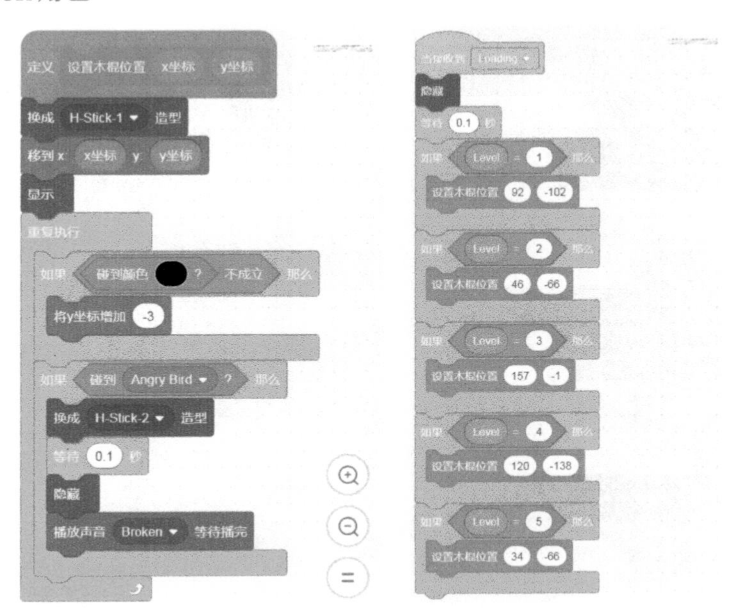

9．3HStick 角色

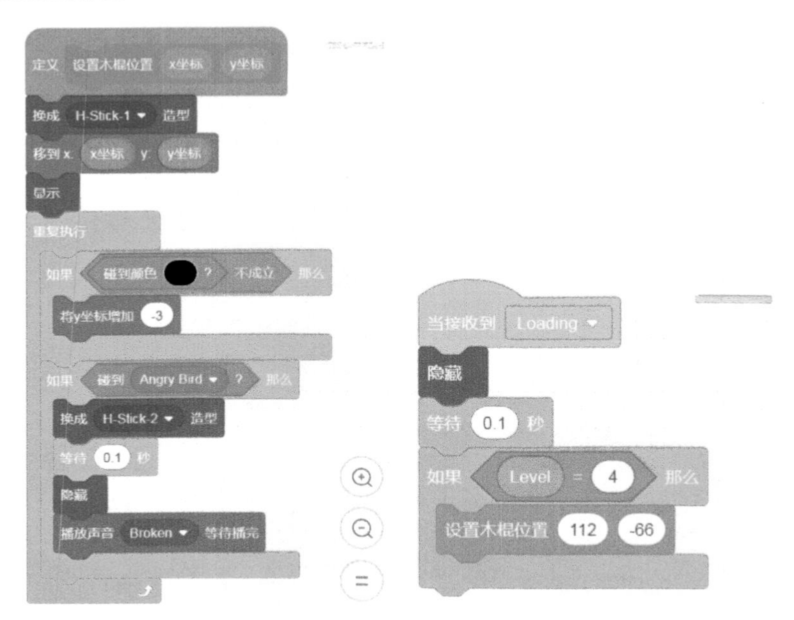

10．1VGlass 角色

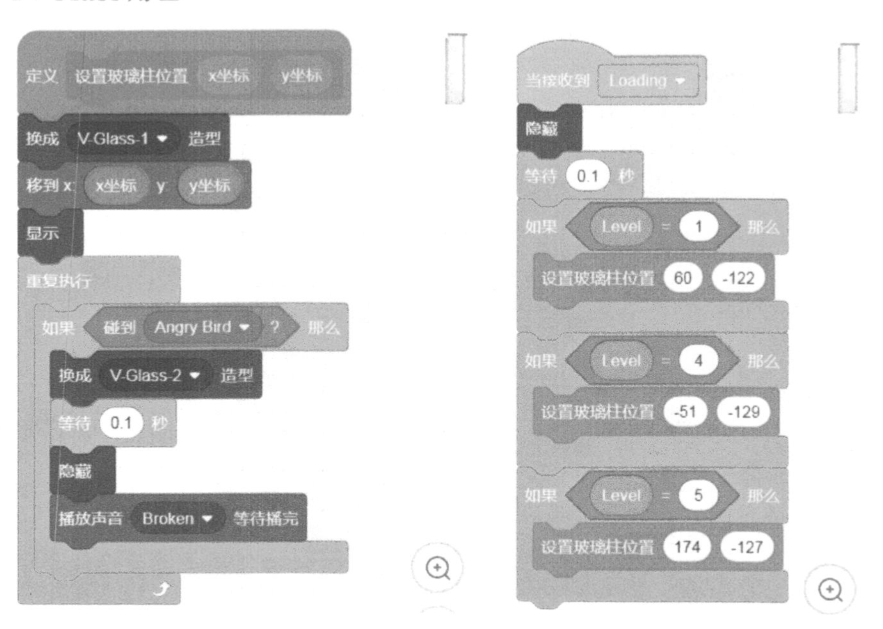

11．2VGlass 角色

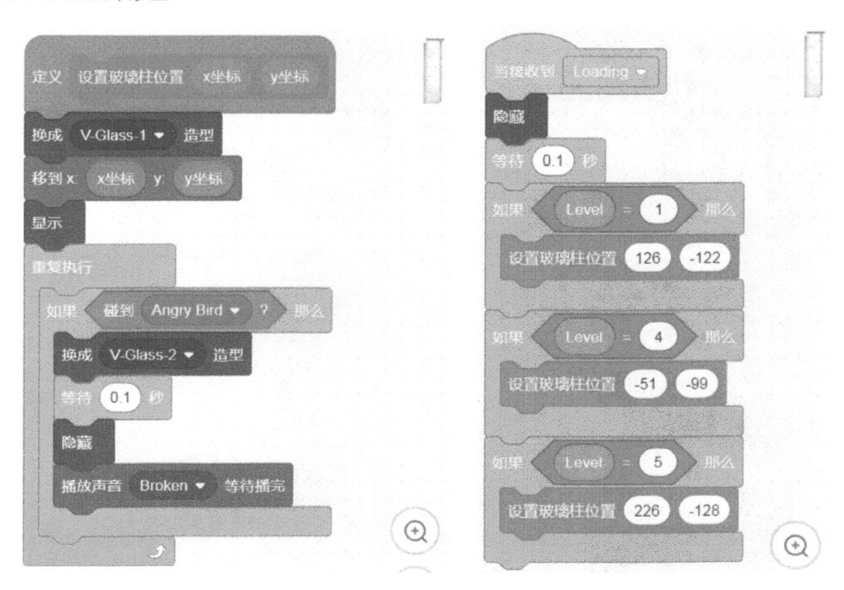

12．1VStick 角色

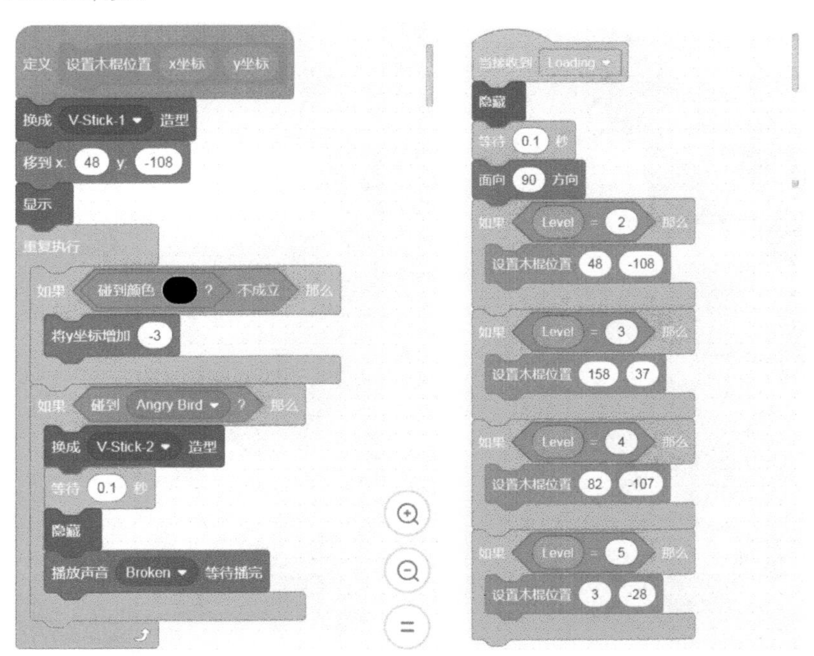

13．2VStick 角色

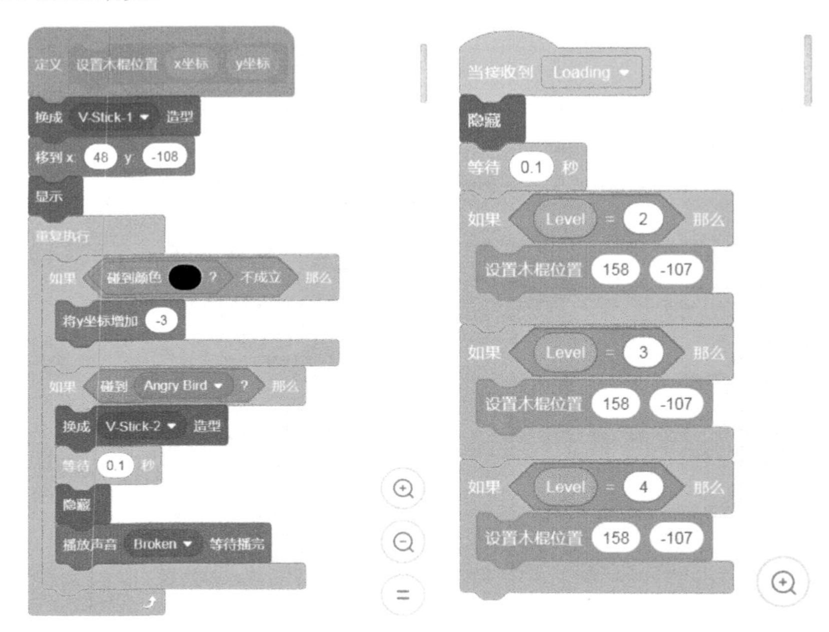

14．3VStick 角色

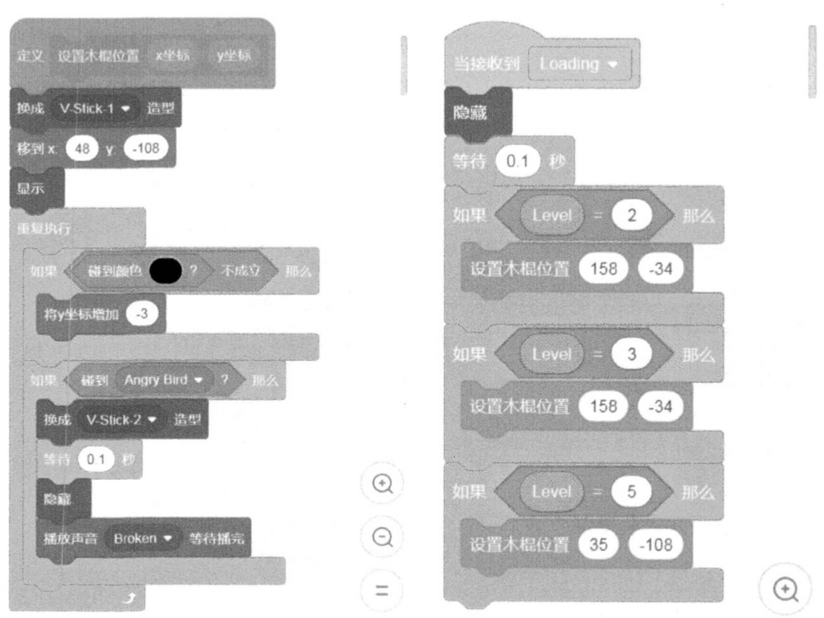

15. Birds角色

第1步 这个角色有4个造型，每个造型就是一种状态，内容分别是“Bird 1”“Birds 2”“Birds 3”和“Birds 0”，用这个角色表示当前剩余几只小鸟。

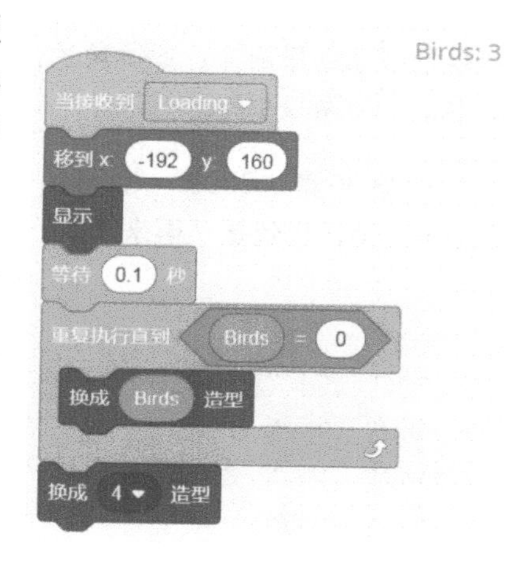

第2步 选中角色，开始编程，这个角色只有一段代码。当接收到“Loading”消息，移动到指定位置，显示角色。等待0.1秒。重复一个循环，直到变量“Birds”等于0，才结束循环。将造型切换为造型编号是变量“Birds”的造型。循环结束，将造型切换为造型编号是4的造型，表示没有小鸟子弹了。

16. Level角色

第1步 为这个角色绘制了5个造型，内容分别是“1”“2”“3”“4”和“5”，用这个角色表示当前的游戏关卡。

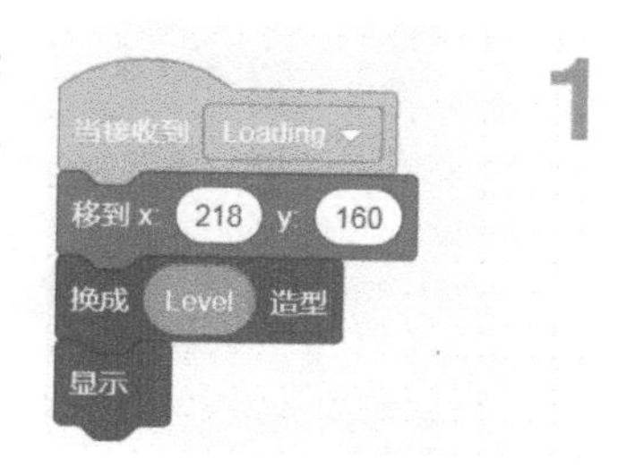

第2步 选中角色，开始编程，这个角色只有一段代码。当接收到“Loading”消息，移动到指定位置。将造型切换为造型编号是变量“Level”的造型。显示角色。

17. Button角色

第1步 从角色库中选择Button2-a和Button2-b作为造型，并且在造型Button2-a上写下“下一关”，在造型Button2-b上写下“再来一次”。

第2步 选中角色，开始编程。第一段代码，当接收到“Loading”消息，将变量“Birds”设置为3，如果觉得游戏比较难，可以把这个变量设置得大一些，那么小鸟子弹也会相应多一些。将变量Pig设置为0。隐藏角色。重复一个循环。

如果变量“Level”等于5并且变量“Pig”等于2，表示已经完成了最后一个游戏关卡，那么等待2秒，背景切换为Game Over，停止当前脚本。需要注意，停止脚本很重要，不然会继续执行下面的代码。

如果变量“Level”等于1并且变量“Pig”等于1或者变量“Level”大于1并且变量“Pig”等于2，那么等待2秒，造型切换为Button2-a，也就是“下一关”，将角色移动到最前面，显示角色，停止脚本。这是因为第一个关卡只有一只小猪，而其他关卡有两只小猪。

如果变量“Birds”等于0，表示没有子弹了，那么等待2秒，造型切换为Button2-b，也就是“再来一次”，将角色移动到最前面，显示角色，停止脚本。

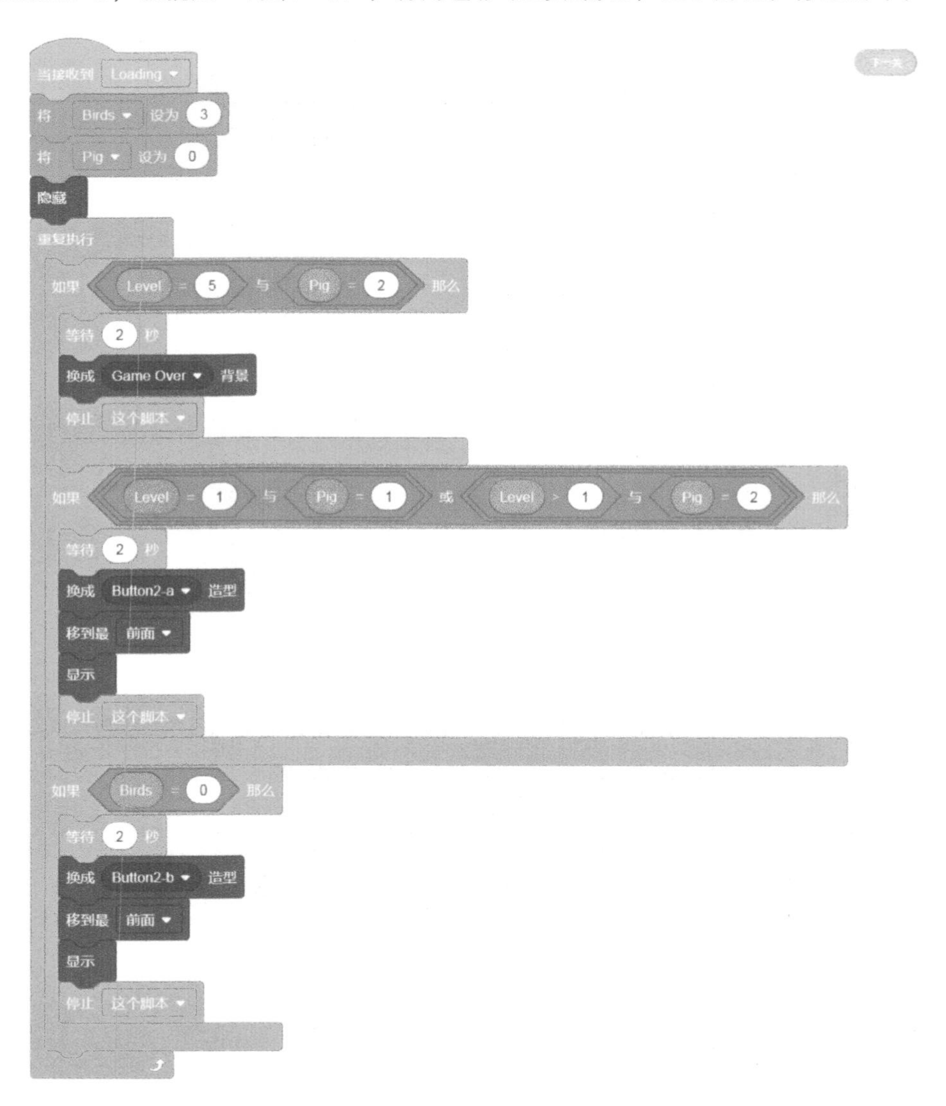

第二段代码，当点击了角色，如果造型编号等于 1，也就是“下一关”，那么将变量“Level”加 1。然后广播“Loading”角色。

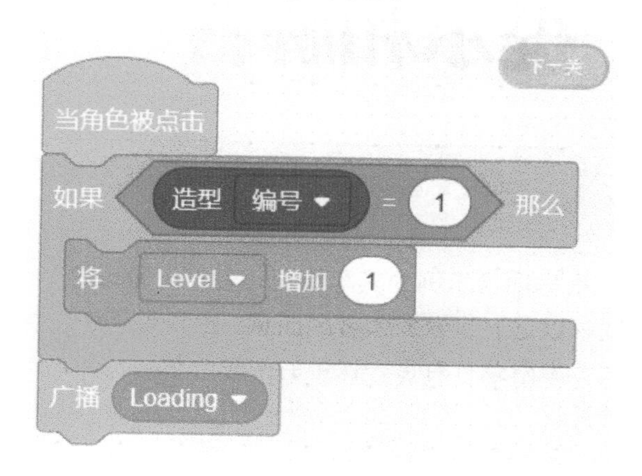

到这里，我们就用 Scratch 3.0 编写并实现了好玩的游戏“愤怒的小鸟”。这款游戏非常有趣，快自己动手玩一玩吧！

附录　提示和解答

本书的各课中，根据项目示例的实际情况，我们分别设置了“想一想，试一试”板块，提出一些问题，以进一步激发读者的创意，鼓励他们进行尝试。为了帮助读者拓宽思路，动手尝试，本附录针对每一课中的“想一想，试一试”给出一些提示和解答，仅供读者学习参考。

第7课

7.3　角色动画

想一想，试一试

换成 Wings Up 造型 和 下一个造型 有什么不同？尝试在这个程序中使用第一个积木块，观察一下区别是否明显？

解答： 换成 Wings Up 造型 是切换为指定的“Wings Up”造型。下一个造型 是切换为当前造型的下一个造型。

在这个项目示例中，鹦鹉角色有两个造型，使用 下一个造型 轮流切换，代码更加简单。要使用换成指定造型的积木也是可以的，但代码稍微复杂一些，效果是相同的，只是鹦鹉的翅膀会上下扇动10次。代码如右图所示。

第8课

8.2 让字母旋转

想一想，试一试

1. 这里为什么要添加 等待 0.3 秒 这个积木块？不加的话会怎么样？动手尝试一下。

提示：去掉这个积木块的话，字母会一下子旋转大半圈，没有停顿。请自行动手尝试一下。

2. 如果把右转的度数从 15 度修改为更大的度数，效果会怎么样呢？

提示：如果修改为更大的度数，例如 20 度或 30 度，字母顺时针旋转得更快。如果修改为负数，例如 –15 或 –30，字母将会逆时针旋转。

8.4 使用方向键

想一想，试一试

1. 让角色向上下左右移动一定的像素，分别要靠哪些动作积木呢？移动的像素数取负数值的话，会有什么作用？

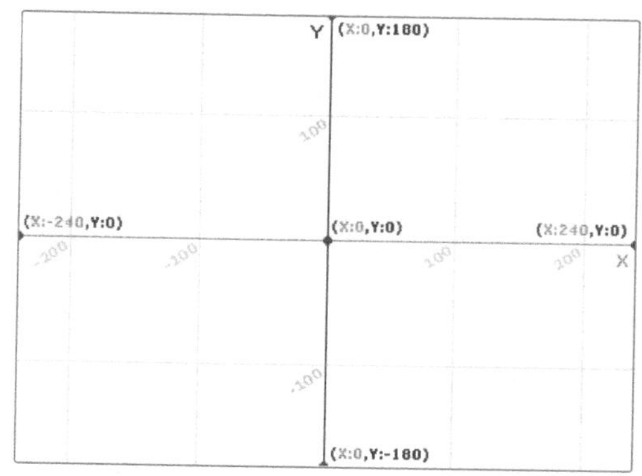

解答：要搞清楚这个问题，首先要弄清楚 Scratch 3.0 中的坐标系的设置方法。在 Scratch 3.0 中，舞台具有 480 个单位的宽度和 360 个单位的高度。*X* 轴的坐标从 240 到 –240，而 *Y* 轴的坐标从 180 到 –180。舞台的中央的坐标位置是 (0, 0)，如下图所示。

因此

向上移动 10 个像素，就是 *y* 坐标增加 10 个单位，对应的积木是 将y坐标增加 10 。

向下移动 10 个像素，就是 *y* 坐标减少 10 个单位，对应的积木是 。

向左移动 10 个像素，就是 *x* 坐标减少 10 个单位，对应的积木是 。

向右移动 10 个像素，就是 x 坐标增加 10 个单位，对应的积木是 将x坐标增加 10 。

移动的像素数取负值，对应的坐标值就会递减。

2. 角色移动到舞台之外就不好了，该通过哪个积木让角色在舞台范围之内移动呢？当到达舞台边缘的时候，角色应该做出什么样的动作反应呢？

解答： 当角色移动到舞台边缘的时候，应该通过 碰到边缘就反弹 积木来让角色重新回到舞台范围之内。此外，可以使用 将旋转方式设为 左右翻转 积木来设置角色反弹时候的翻转方式。

8.5 制作追赶游戏

想一想，试一试

当章鱼和小海星碰撞到一起的时候，会发生什么样的情况呢？思考下如何进行设计，我们将在后面的课程中学习了其他的积木功能之后，进一步实现和扩展这个海底追赶游戏。

解答： 参见 9.5 节。

2. 当章鱼或者小海星碰到边缘的时候，应该发生什么情况呢？你能否用运动积木来编程实现这种情况？

解答： 应该让它们碰到边缘的时候反弹。使用运动积木中的 碰到边缘就反弹 积木块可以做到这一点。

第10课

10.2 有声音就心动

想一想，试一试

现在看上去，Elf 的心脏对声音有点太敏感了？尝试一下把响度值改得更大一些。这样一来，是不是只有发出的声音比较大的时候，Elf 才会心动呢？

解答：是的。这里响度值的大小，会决定 Elf 的心脏对声音的敏感程度。如果把响度值修改得大一些，Elf 的心脏对声音敏感度就要小一些。

第 12 课

12.3 克隆的特效

想一想，试一试

在克隆特效程序的第三段代码中，为什么要删除克隆体？尝试一下去掉这段代码，会有什么效果？

解答：克隆是对角色的复制，会占用一定的资源。当克隆体在程序中执行完自己的任务后，一定不能忘记删除克隆体。以本节的这个程序为例，如果我们去掉删除克隆体的代码，会有两个后果，一是所有的克隆体都会留在舞台上，二是会占用太多内存资源，最后导致程序挂起而无法响应。当去掉这段代码后，会发现所有 Ball 的克隆体都会保留在屏幕上。

第 13 课

13.2 声音之花

想一想，试一试

1. 我们的声音之花现在似乎对响度太敏感了，该如何调整呢？

提示：和第 11 课中 Elf 的心脏对声音太敏感的情况相同，将响度值调大。

2. 尝试对背景应用其他的特效，感受一下声音之花绽放的其他视觉效果。

提示：点击设定特效积木块中“鱼眼”处的下拉框，可以看到所有能够使用的特效。选取其他特效，即可将其应用于背景。你完全可以根据个人喜好或感觉来选取使用何种特效。还可以修改后面的数值，增大或者减小所选特效的强度。

第18课

18.4 旋转的小乌龟

想一想，试一试

angel 的初始值为什么要设置为 95？试一试，如果设为其他的初始值，会有什么样的效果?

提示： 不同的 angel 值可以绘制出不同的旋转效果。“step-size”和“angel”共同决定了乌龟的旋转程度。在持续循环 500 次后，旋转绘制的图案差异较大。这两个参数的值没有标准答案，读者可以自行动手调试这两个值，以得到不同的图案效果。

第19课

19.2 打气球

想一想，试一试

你能够给这个游戏添加一个得分项，来统计打掉的气球的数目吗?

提示： 建立一个“得分”变量，将其属性设置为显示，让它的监视器显示在舞台上。使用的时候要注意（1）程序刚开始运行的时候，将“得分”初始化为 0；（2）

改变“得分”变量的时机。可以在播放“Pop”声音表示气球破裂之后，将“得分”变量增加 1，表示打中了一个气球的一分。

19.4 拯救乐高小人

想一想，试一试

1. 你是否能够给这个游戏添加一个得分系统，来统计玩家拯救的乐高小人数目呢?

提示： 建立一个“得分”变量，将其属性设置为显示，让它的监视器显示在舞台上。使用的时候要注意（1）程序刚开始运行的时候，将“得分”初始化为 0；（2）改变“得分”变量的时机。可以在自制积木中“跳起来”拯救了一个乐高小人克隆体，删除它之后，将“得分”变量加 1；在“掉到水里”自制积木中，当有一个乐高小人克隆体落水，删除它之后，将“得分”变量减 1。

也可以在主程序中，在调用了“跳起来”和“掉到水里”自制积木之后，分别将“得分”变量加 1 和减 1。最后，需要自行考虑对得分变量负值的特殊情况如何处理。

2. 想想还可以增加一些什么元素，让这个游戏更加有趣? 比如，乐高小人掉到水里，是否能够发出呼救声?

提示： 可以在乐高小人获救和落水后播放不同的声音。较好的处理方案是，把播放不同声音的积木，分别放到“跳起来”和“掉到水里”自制积木中的适当位置。

第 21 课

21.4 演奏钢琴

想一想，试一试

我们在 17.2 节介绍过了乐队演奏的代码。尝试一下，通过 Makey Makey 电路板来实现乐队演奏的效果。

解答： 通过 Makey Makey 电路板实现乐队演奏，不需要对代码做任何修改，只要将 Makey Makey 电路板通过 USB 线和计算机相连。然后连接线路。将 5 根鳄鱼夹的一端连接到电路板导电孔的上下左右键和空格键，另一端分别连接到不同的水果上。将另一个鳄鱼夹的一端连接电路板的接地端，另一端用手握住。手在这里就成为一个开关，握住就是打开，放开就是关闭。手作为开关，让不同的“键”和“地线”连接起来，形成一个回路，以便电路板能够识别这些键。鳄鱼夹的连接方式如下图所示。

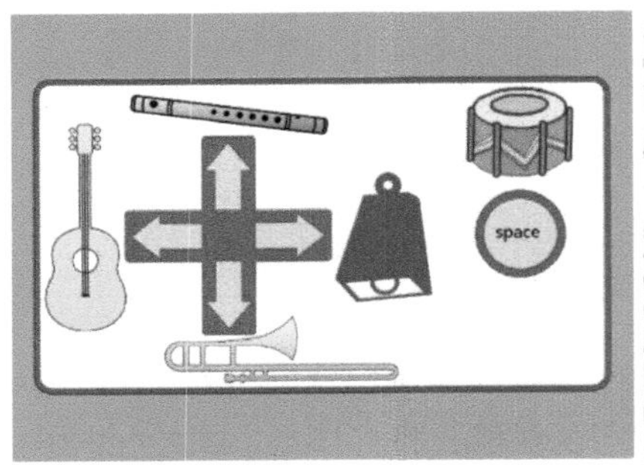

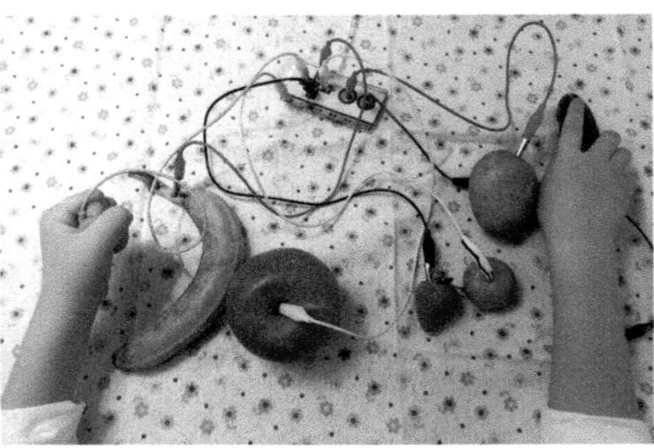

第22课

22.4 演奏吉他

想一想，试一试

我们在 8.5 节介绍过追赶游戏的代码。尝试一下，能否通过 micro:bit 电路板来操控章鱼？比如，能否通过按下按钮来切换造型？能否通过抛起 micro:bit 让章鱼向上跳起？

解答：我们可以使用 micro:bit 分类下的“当按下 A 按钮”这个积木，来切换角色的造型。我们可以使用“当被抛起”积木，让章鱼向上移动。具体代码如下图所示。

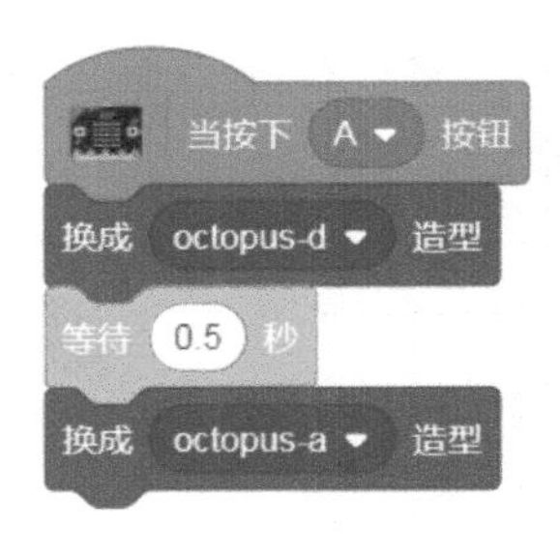

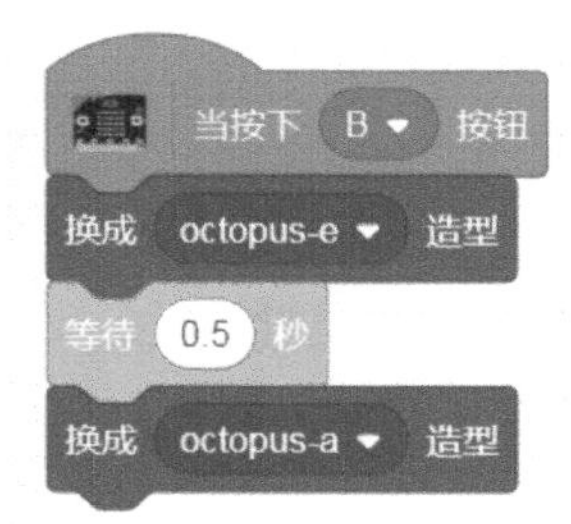

当被 抛起
将y坐标增加 30

第23课

23.4 拍篮球

想一想，试一试

我们在 20.3 节介绍过 Elf 遇到机器人的代码。尝试一下，能否通过 LOGO EV3 来操控机器人？比如，能否通过按下按钮来让机器人飞向太空？然后再通过按下按钮让机器人回到地球？

解答：我们可以使用 EV3 分类下的“当按下按钮 1”这个积木，通过循环，一边切换角色造型，一边修改 *y* 坐标，直到角色的 *y* 坐标大于数值 250。然后让 EV3 鸣笛，隐藏角色，表示机器人已飞向太空。我们可以使用“当按下按钮 2”积木，将 *y* 坐标设置为 0，将角色的造型切换为初始造型，显示角色。具体代码如下图所示。

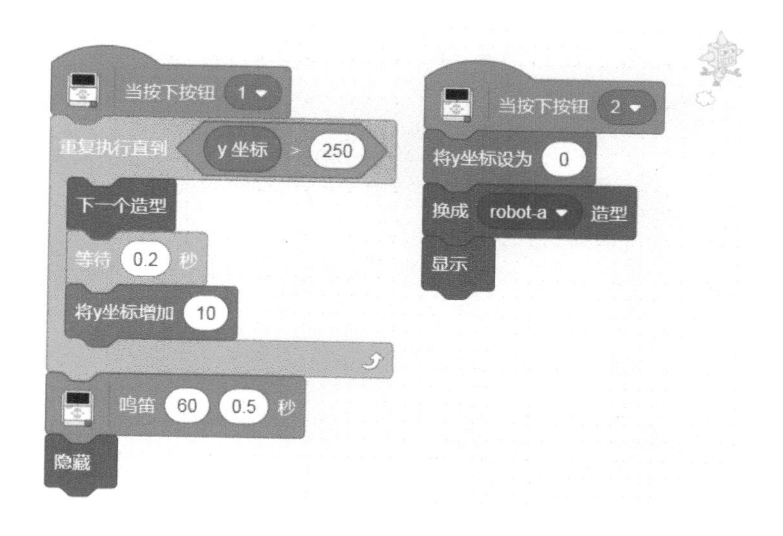